猫がいれば、そこが我が家

ヤマザキマリ

河出書房新社

「あんた、このところちょっと働きすぎなんじゃないの」とでも
言わんばかりの威圧感

Peggy Gug

ベレンの幸せそうな顔を見ていると、

ホッと安堵のため息が漏れ出てしまう

もくじ

猫がいれば、そこが我が家

ベレン

東京の仕事場で一人机に向かって作業をしている時、ベレンはソファで寝たり、絨毯《じゆうたん》に寝そべったりしていることもあるけれど、時々私の足元までやってきては、古代エジプトの猫の彫像のような姿勢で座ったまま、じっとこちらを見つめ続ける。時々短く鳴いて注意を引こうとするが、それ以上接近してくることはない。

ベレンはこれまで私の膝に乗ってきたことは一度もない。猫らしくくねらせた体を私の足に擦《す》りつけてくることもない。要するに家猫らしい仕草は全くしない。私もベレンの気配をそばで感じてはいたいが、常に密着して過ごすような関係は求めていないため、彼女とは最初からそうした適度な距離感を保ち続けている。

ベレンは臆病な性格で、来客を知らせるインターホンが鳴ればとっさに体を床に伏せ、そのまま匍《ほ》匐《ふく》前進であっという間に姿を消す。その姿は幻獣のツチノコそっくりだ。ツチノコは子供の頃の私にとって好奇心をくすぐる謎の生物だったが、昔の人はひょっとすると耳を後ろに反《そ》らせ、低い体勢で慌《あわ》てて移動するキジトラの猫をツチノコと見間違えたのではないかという気もする。

ベレンは、今年で十四歳になるメスのベンガル猫である。ベレンが私たち家族のもとにやってきた時、私は当時四歳だった猫のゴルムを事故で失い、絵に描いたようなペットロス状態に陥《おちい》っていた。

当時シカゴ大学で比較文学の研究をしていた夫のベッピーノと、ポルトガルで暮らしていた息子のデルスと私は、夏休みに日本で集合することを決め、沖縄北部の本部町《もとぶちょう》に古民家を借りて久々に三人一緒の時間を過ごしていた。ゴルムは、その間リスボンの友人の家に預けられていたが、私たちが日本に到着してからものの三日ほどで、ベランダから落ちて死んでしまったという連絡があった。まだ『テルマエ・ロマエ』がヒットする前のことだ。リスボンの友人から「どうぞ落ち着いて受け止めてください」という前置きから始まるメールを見た瞬間、ああゴルムに何か起きたんだと察し、全て読み終わらないまま畳に突っ伏して泣き出してしまった。

ゴルムはマンションの七階にあった友人宅のベランダから、斜め下の部屋のベランダにいたメス猫にアタックするつもりでジャンプして、落ちて死んでしまったらしい。ドジにも程があるし、去勢していたにもかかわらず野性的本能の衰えていなかったゴルムらしい命の顚末《てんまつ》だが、よそ様に預けている時に亡くなってしまったという事実は、私を苦しめた。もし、夏休みに日本で長期間過ごそうなどと思わなければこんなことにならなかったのにと、シリアのダマスカスで初めて出会った時から、誰に預けることもなく常に一緒に旅をしてきたゴルムを思うと、自分のした決断が腹立たしくてならなかった。こちらの都合でゴルムを死なせてしまったという責任の重さに私は押し潰《つぶ》されそうになった。

　しばらくは食事も喉《のど》を通らなくなり、仕事も手につかず、不意打ちで涙が溢《あふ》れでてしまうという状態が続いた。今まで体験したことのない底なしの喪失感に、私自身も戸惑っていた。そんな私の気持ちを前に動かしたのは、夫が放った「君のその愛情を必要としている猫がきっと他にいるはずだ」という一言だった。その言葉には妙に説得力があった。私たち人間は持ち前の想像力によって死をドラマティックに演出してしまうが、実は猫であるゴルムにとってのこうして唐突に訪れた死は、悲劇でもなんでもなかったのかもしれない。動物というのは、一つの事象をあれこれドラマティックに盛りつける私たちよりも、ずっとストイックに死を受け入れているのではないだろうか、そう思うと、いつまでも涙に明け暮れているよりは、誰かに面倒を見てもらうべくして生まれてきた猫とともに、新しい生活のフェーズを築くべきだという夫の言葉は私の中にすっと浸透した。

夫は早速滞在していた沖縄の古民家のPCを使って、毎晩ポルトガルのリスボン近辺で生まれて間もない里親募集中の猫がいないかどうか探しつづけた。私はどんな猫でも構わなかった。見つからなければリスボンの保護猫施設に出向こうと思っていたその矢先、夫が「いい猫がいた」と私にとあるブリーダーのサイトの画面を見せてくれた。それがゴルムが死んだ前の日に生まれたベレンだった。

生まれはポルトガルの大学都市コインブラで、種類はベンガルだが、その時生まれた四匹にはベンガルの特徴である豹柄《ひょうがら》模様がないということで、一匹六〇〇ユーロというバーゲン価格で売りに出されていた。確かに写真を見るとベンガルというよりは、アメリカンショートヘアに水玉が加わったような無難な模様に見える。しかし、柄が変わるだけで値段が変わるなんて、生き物でありながらアウトレットセールのブランド品と同じ扱われ方が理不尽かつ気の毒になった。

夫が着目したのは、四匹にそれぞれつけられていた血統書の名前だった。「クレオパトラ」「カシウス」「カッサンドラ」「アントニウス」。全匹古代ローマ時代の人物名がついている。「君のために生まれてきたような猫たちじゃないか」と、当時『テルマエ・ロマエ』の連載が始まって間もなかった私にぴったりだと夫は盛り上がった。写真の中で「クレオパトラ」が一番闊達《かったつ》そうで、丸い顔に手脚も太く、女の子でありながら強そうな印象があった。

　ブリーダーに問い合せをすると、リクエストがかなり来ているので、確約するには手付金として三〇〇ユーロをすぐに振り込んで欲しい、という返事がきた。私たちはその日のうちに滞在先の近くにあった名護市《なごし》の郵便局に出向くことにした。夫にしてみれば、とにかく私に早く元気になって欲しくて仕方がないから行動も迅速《じんそく》だった。

　窓口に海外送金を申し出ると、当然ながら「ポルトガルへ送金？　何のための送金ですか？」と郵便局員の女性から不審そうに問いただされた。「猫を飼うためのお金です」と答えると、「猫……」と腑《ふ》に落ちないような顔で呟《つぶや》いてから、「それは、つまり、生きている猫でしょうか」と自分でも何を尋ねているのかわからないような口調で問い返してきた。「生きている猫です。ペットにする猫を購入するんです。私たちはポルトガルに暮らしているので、ポルトガルのブリーダーにお金を振り込みたいのです」と説明をするも「ポルトガルで飼う猫のお金を、名護から送金するんですか？」と局員は一向に埒《らち》が明かない様子だった。沖縄でポルトガル生まれの猫を飼うことを決め、その代金を名護の郵便局から送るなんていうのは、後にも先にも私たち家族くらいだろう。動揺していた局員は、そばにいた同僚に事情を説明し、ややあってやっと送金用の書類を持って戻ってきた。そして書類に必要事項を埋めていると「あのう、ちなみに、その猫なんですが、北朝鮮を経由しますか」と問いかけられた。北朝鮮。「いいえ、北朝鮮は経由しません」と答えると「そうですか、じゃあ大丈夫です」とだけ言ってその場から去っていった。それでもまだ取引の事情を理解できていない様子だったが、考えるのを諦《あきら》めたのか、それ以上はもう何も問いかけてはこなかった。私たちは無事、名護郵便局からポルトガルのコインブラの銀行に手付金を送付することに成功した。

　このように、クレオパトラ、もとい〝ベレン〟は、ポルトガル生まれでありながら、まずは沖縄で取引がなされ、その後私や夫の仕事に伴ってアメリカ、イタリア、日本と引っ越しを繰り返す、まさしくボーダーレスな猫となる。

　日本での夏休みを終えてポルトガルに戻り、預け先の友人から「ゴルムのお骨《こつ》を返しに行きたい、そして事故の詳細を説明させてほしい」と申し出があった時はいったん承諾をするも、いざその日になると、急にその友人と向き合い、事故の話を聞く気力が一挙に消失してしまった。遺骨の受け取りをデルスに任せると、私は外に出て、二時間くらい当《あ》て所《ど》もなく歩き回ることにした。友人には申し訳なかったが、彼女の前で自分の精神状態をコントロールできる自信もなかったし、ゴルムの死という現実と向き合うにも全く勇気が足りなかった。

　ゴルムの遺骨を届けに来た友人は、私がその場にいなかったことに立腹したようだったが、後で謝罪のメールを送るしかなかった。とにかく自分の精神状態をコントロールするには、そうするしか仕方がなかった。デルスは受け取ったゴルムの遺骨を落ち込んでいる私に見せると、そのまま自分の部屋に閉じこもってしばらく出てこなかった。シリアからずっと一緒だった兄弟のようなゴルムの死は、当然彼にとっても簡単に受け入れられるものではなかったはずだ。デルスに全てを任せてしまった自省も大きく、それでまた落ち込んでしまった。愛猫《あいびょう》の死というのは、エネルギーを悉《ことごと》く吸い尽くされる。ゴルムの遺骨はそれからしばらく彼の写真と一緒に私の枕元に置かれ続けた。

　それから四ヶ月後、ワクチン接種などを経てようやくコインブラのブリーダーがベレンを待ち合わせ場所であるリスボンの駅まで連れてきた時は、救い主が現れたような気持ちだった。ケージの奥に身を屈《かが》めて外に出るのを怖がっている臆病なベレンを見たとたん、なぜか真っ先に「でも、この猫にもいずれ死を迎える日がくるのだ」という思いが頭を過《よぎ》った。かわいがればかわいがるほど死別への恐怖は大きく膨《ふく》らむ。しかし、たとえ期間限定であっても、苦しい悲しみに向き合う日を避けられなくても、猫のいる幸せには代え難いし、猫にも生まれてきた幸せを存分に感じてほしい。自分の都合で生き物としての死を迎える権利を否定してはならない。この子がいずれ天寿を全《まっと》うするまで、とことん付き合おう、ゴルムの分もたくさん愛情を注ごう。私は怯《おび》える仔猫を手に取りながら、胸の中でひっそりと決意した。

　ベレンを受け取った時の心地は、息子のデルスを一人で出産した際の気持ちによく似ていた。デルスは、十一年間同棲していたイタリア人詩人との間に生まれた子供だが、生まれたてで自分の足で歩くこともできない赤ん坊を見た瞬間、これからはこの子を死に物狂いで育てていかなければという気持ちが湧き、それが十一年間も続いた生活力のない詩人ときっぱり別れるきっかけとなった。

　臆病なベレンは、最初の四日間、ベッドの下に隠れてしまって姿を現すこともなく、ご飯が食べたい時にだけそっと姿を見せた。その様子を見て、私たちは無理やり引っ張り出そうとはせず、彼女が自ら出てきたいと思うまで静かに見守り続けることにした。

おそらく、ブリーダーの家での環境もそれほど開放的なものではなかったことが、ベレンの怯えた行動からうかがえた。我が家にやってきて一ヶ月後には原因不明の病気にかかり、小刻みに体中で呼吸をしながらぐったりとしたベレンを抱えて、夜中にリスボン中の獣医のもとを駆けずり回ったこともあった。そんな経緯もあり、ベレンに対してはこれまで飼ってきた猫よりも少しだけ過保護になってしまっているかもしれない。でも愛情をそういう形でしか表せないのだから、仕方がない。

今も私の生活はすっかり猫中心となっている。朝に目が覚めて、どんなにトイレに行きたくてもベレンに餌《えさ》をせがまれればそちらが優先だし、撫《な》でてくれとせがまれれば顔も洗わずにそのまましばらく撫で続ける。自分のことはそのあとからだ。

外出先から戻れば、玄関に駆け寄ってくるベレンに向かって、つい「ごめんね」という言葉が口から漏《も》れる。「待たせてごめんね」「ご飯がないね、ごめんね」と。なぜ謝らなければいけないのかわからないが、それはきっと猫を通じて自分の邪道さを俯瞰《ふかん》で見ているからなのだろう。まん丸な瞳でじっと見つめられると、家に帰るまでの間に自分の中に芽生えた邪心や怠惰《たいだ》を見透かされたような気になって、つい「ごめんね」という言葉が口をつく。

今から十年以上前、自分の漫画がヒットして、その流れで作品が実写化される頃、メディアでの露出が増えたことで、巷《ちまた》では漫画家のヤマザキマリという一種の偶像のようなものが象《かたど》られるようになっていった。ヤマザキさんといえば、イタリアかぶれ。思ったことは全て口にする、物言う漫画家ヤマザキマリ。露出が増えれば増えるほど世間からあれやこれやとジャッジされる機会が増えていった。当然のことながらベレンは私に対してそんな偏見を持つことはない。むしろ人間の世界で起こっているそうした表層的な事象を半ば呆れながら俯瞰で見ている気配すらする。世間の評価に翻弄《ほんろう》され、仕事に疲弊し、時には意気消沈している私に「ホモ・サピエンスってしみじみ厄介《やっかい》な生き物だね」と問いかけられているような気がしてしまうのだが、今やこのベレンを介しての自省は私にとってなくてはならない日常的習慣となってしまった。

　私は十四歳でドイツ、フランスへと一人旅をし、それがきっかけとなって十七歳でイタリアに単身で留学することになった。イタリアに渡ってからも、キューバでサトウキビ刈りのボランティアに参加するなど、一定の場所に留まることのない生活を送ってきたが、そもそも、なぜ私は若くして日本を離れ、移動を繰り返したのかと考えると、「あなたはこういう人」と他人に自分の形を定められるのが嫌だからというのがある。

「ヤマザキさんってこういう人」と周囲に決めつけられる前にその場から姿を消し、自分のことをよく知らない人々のもとへ旅立ちたいという気持ちがいつも潜在していた。そして何より、生まれてきたからには何かその意味となるような事柄を成すべきだという、人間特有の義務感のようなものから解き放たれたいという思いがあった。古代ローマの時代から人間至上主義的思想が確立されてきたイタリアという国は、人間であることを謳歌《おうか》できるが、同時に過去の文化的遺構を目《ま》の当たりにするたび、人間という特別意識の肥大に負けそうになることも度々あった。

　そんな日々の威圧感から解き放ってくれるのが猫だ。ベレンの小さい体には、余計なことを考えずに命を懸命に生きている膨大なエネルギーが籠《こも》っている。

　外での仕事で疲れ果てて家に帰ってくると猫が全く次元の違う空気を放ちながら床で寝そべっていたりする。それを見ていると「私は魂の容れ物がたまたま人間だけど、あんたに比べると余計なツールがつき過ぎていて、なんだかダサいわ」などということを感じてしまう。ベレンと過ごす穏やかな時間の中で、ベレンという小さくても精一杯生きている大いなる生き物と対峙《たいじ》する瞬間があるからこそ、私はもう一度、もとの私の〝形〟を認識しようとするのだ。

大切な関係ほど、程よい距離感

浴槽に勢いよくお湯を溜《た》め始めると、ベレンは我先にと様子を見に風呂場へ飛んでいく。私が入浴をしている時は浴槽の縁《ふち》に飛び乗って、前脚をお湯の中に入れて遊ぶこともある。浴槽のない家に暮らしていたポルトガル時代は、特に寒い冬の時期になるとシャワーボックスの中にいる私のそばにやってきて、一緒になってお湯浴びしていた。ネコ科にしては珍しく、水を怖がらないイリオモテヤマネコに近いＤＮＡを持つベンガル猫のベレンは水に強い好奇心を持っている。お風呂やシャワーで濡れた体をバサバサとタオルで拭いてあげると、このうえなく幸せそうな表情をする。濡れることを嫌がらないのは猫としてはかなり珍しい。

お風呂の時間以外でも「遊びたい」「お腹がすいた」といった自己主張がある時は必ず自分から私のそばにやってくる。お気に入りは、チベットで購入しその後長くイタリアの自宅にも置いていたヤクの毛の絨毯《じゅうたん》だが、全身を撫《な》でられる時はその絨毯の上でなければ納得がいかないらしい。深夜〇時を過ぎれば「もう寝るぞ」と言わんばかりに仕事をしている私の足元にやってくる。訴えたいことがある時は、叶《かな》えられるまで諦《あきら》めずに訴え続ける我《が》の強さが言ってみれば彼女の長所だ。

　とはいえ、インターホンが鳴るだけでそそくさとどこかに姿を消すくらい臆病な猫なので、その姿を見ることができるのは、私以外に息子、そして私の不在時に猫のシッターをお願いしている女性くらいである。イタリアから日本に連れてきてもうしばらく経つせいか、コロナ禍明けに夫が日本に来た際には大慌《おおあわ》てでベッドの下に隠れてしまった。

「ベレンの性格はマリにそっくりだ」。そうしみじみと口にするのは、他でもない夫のベッピーノだ。子供の頃から人前で戯《おど》けるのが好きな私は、漫画がヒットする前は一時的にテレビでリポーターをやったり、大学の講師をしたりしていたこともある。テレビや講演会など人前で喋《しゃべ》ることには全く緊張感を伴わず、社交的で誰とでも打ち解けることができる人間と思われている節があるが、実際は極度の人見知りであり、渋谷や新宿やライブ会場など人間がたくさん集まる場所が大の苦手なのだった。

　自分に勢いをつけなんとかその場に飛び込み人と話をしているわけで、一人で店に買い物に行く時も店員に声を掛けられるのも苦手で、できることなら誰とも会いたくない、と思うことさえある。夫の実家で大人数で食事をする際は、おしゃべりな人が集まることもあり、私はあまり口を開かない。ましてや漫画や執筆の作業がある時は完全に部屋に引きこもり、誰とも一言も喋らず一日が終わったということなどしょっちゅうある。

ベレンもまた、仕事場で飼っているクワガタを外に出すと近寄ってきて前脚で弄《もてあそ》ぼうとするなど好奇心旺盛な面もあるが、慣れ親しんだ人間以外とは全く交わろうとしない。

これまで飼ってきた歴代の猫の中には、ゴルムのように初対面の宅配配達員にもすぐに体を擦《す》りつけるような猫もいたが、ベレンは違う。こちらから抱き抱えようとしても、さっと身をかわし、人間に対して服従の態度を見せることは皆無だ。ベレンに限らず歴代の猫たちとも一定の距離を保って接してきたのは、私自身に「人間のことなんて、そんなに信用しないほうがいいよ」という気持ちがどこかにあったからでもある。

相手が人間であろうと、猫であろうと程よい距離は必要だ。そもそも、私たち家族自体、ベレンも含め、それぞれが独立した「共同体」という意識が強い。

私と夫と息子は、それぞれ十四歳ずつの年齢差がある。

私が、中学生で一人ドイツ、フランスへの旅に出た際、駅で偶然出会った初老のイタリア人男性に家出少女と間違われたことから私とイタリアの関係は始まった。母が行くはずだったのにコンサートの出演で予定が合わず、代わりに私を一人で行かせたという体《てい》になるらしいが、本当は進路指導の教員に画家になりたいという希望を頭ごなしに否定され、落ち込んでいる私に本場の美術館を訪れさせるのが目論見《もくろみ》だった。

ベルギーのホームで、すでに誰かに後をつけられているのがわかっていたが、パリ行きの列車が入ってくると慌ててそれに乗り込んだ私の座席までやってきたマルコ爺《じい》さんは、「どうして家族に心配をかけるようなことをするのだ」と勝手に説教を始めた。「そうではないんです、母から欧州の文化に触れて来いと背中を押されたからこうして旅をしているんです」と心細げに告げると「欧州旅行だと⁉　フランスとドイツだけで欧州とは言わん！　イタリアに来なくてどうする」とけしかけ「『全ての道はローマに通ず』という言葉があるだろう、どこかに書き留めておきなさい！」と指示されたのだった。呆気《あっけ》にとられたが、パリに着く直前に「お前の母親から連絡を待っている」と連絡先をもらい、それがきっかけとなって母とマルコ爺さんの手紙を通じての交流が始まるのである。その時点ではまだマルコ爺さんは自分の〇歳の孫とその東洋人の小娘が結婚することになるとは、想像もできなかっただろう。

デルスは、私が十七歳で本格的にイタリアのフィレンツェに渡ってから十一年間、同棲していた詩人との間に生まれた子だが、当時すでに他界していたマルコ爺さんの娘家族の家に遊びに行ってベッピーノと出会った時、デルスはまだ六歳だった。かつてはレゴのマニアだったベッピーノは同じくレゴが大好きだったデルスと仲良くなり、夜になれば今度は私とルネサンス時代や古代ローマの話で三日三晩盛り上がった。

周囲のイタリア人とはなかなか共有することができず一人で溜め込んでいたマニアックな古代ローマへの情熱を、思う存分放出しまくったせいか、その後、彼は原因不明の熱にうなされ、そのまま心筋炎《しんきんえん》という病気を患《わずら》って入院してしまった。それからまもなく、集中治療室のベッピーノから国際電話があり、何事かと思えばしばらく躊躇《ためら》ってから「結婚してください」と一言。「僕とあなたは、結婚しないといけないような気がするんです」と息も絶え絶えな様子で私に告げた。

その頃の私は結婚などする気は全くなかったし、結婚の必要性も感じていなかった。イタリアから戻ってきてからというもの仕事の依頼は絶え間なく、誰にも気を遣わずに悠々自《ゆうゆうじ》適《てき》に働けることが楽で心地がよかった。ただ、死にそうな声で「結婚してください」などと言われるとすぐさま嫌だとは言えない。とりあえず「わかりました」と答えておくことにし、受話器を置いてしばし考え込んだ。

そもそもベッピーノはようやく二十歳《はたち》を過ぎた頃で、男女の関わりや結婚についてもよくわかっていない、というのが私の見解だった。単に毎日古代ローマの話をするのが楽しい、という情動だけが、提案の動機としか思えない。

「どうしよう、齢《よわい》二十歳のベッピーノに結婚を申し込まれたんだが」と母に告げると「やだわねえ、何よそれ」と大笑いをされ、デルスはデルスで「じゃあ、毎日皆でレゴで遊べるね」などと盛り上がっている。「まあ、これもご縁だし結婚してみたらいいじゃないの、それでだめならやり直せばいいわよ、あなたの人生はどうせ順番狂いまくりなんだから」と母は面白がって私に結婚を許諾するように勧めてくる始末。だけど、結婚という概念をいったん払拭《ふっしょく》し、共同生活という捉え方をすれば、デルスと三人で一緒に生きていくのはそれはそれで面白そうだという気もしないでもなかった。

　血の繋がりはなくとも、「家族」としてともに生きている人々の例はこれまで何度となく目にしてきた。

　自分のお腹に子供がいるとも知らずキューバでサトウキビ刈りのボランティアをしていた頃、ハバナでホームステイをしていた家庭には十五人ほどが暮らしていたが、その中にどう見てもスペイン系の血が入っているとは思えない、黒人の男の子がいた。それでも、家族として当たり前のように生活をしているのが初めの頃は不思議で仕方なかったが、よくよく話を聞いてみると、その家の長男の三人目の妻の連れ子で、夫婦関係が破綻《はたん》しても子供は大家族に馴染《なじ》み、自ら残りたいと意思表示したことでそのまま家族として過ごしているという。

「家族」とはもともと血が繋がっていない者同士が婚姻して作る、人間にとって一番身近な社会単位である。そう考えると私たちのように共同体として成立するあり方も決しておかしくはない。社会単位というものが必要とされるのであれば、必ずしも血縁関係にこだわる必要はないはずだ。衣食住を共有する仲間として、それぞれ好きなことをやりつつも、必要な時には結束すればいいし、物理的に離れていても助け合う必要があればお互い手を貸し合えばいい。実際、我々が結婚してから二十年の歳月が経つが、全員それぞれの持ち場で暮らしていながらも毎日連絡は取っているし、年に数回はこちらがイタリアへ行くか、向こうが日本に来るかして一緒に過ごすための時間も設けている。傍《はた》から見れば一緒に暮らしもしないで家族と言えるのか、と不自然な印象を与えるかもしれないが、家族のかたちはそれぞれだ。物理的距離感と結束感は全く関係ないと私は解釈している。

我々が留守にする時に猫シッターをお願いしている友人女性は、実は猫を一度も飼ったことがない。実家では犬を飼っていたというのでどちらかといえば猫より犬派だし、猫シッターとしての経験が豊富というのでもない。しかし、なぜかベレンは家族以外の人間として彼女にだけは心を許している。彼女もまたベレンのことを徹底的にかわいがってくれているので、彼女と一緒の時のベレンは普段私には見せない甘えた様子を見せることもあるようだ。ベレンにとっては、彼女の自分に対する距離感が、ちょうどよかったのだろう。ベレンにはベレンにとっての心地のよい人間との関係性というものがあるはずであり、程よい距離感を保った生活の共有がストレスレスだというのは、猫も人間も変わらないということだ。

「ベレンってさ、やっぱりちょっと変な猫だよね」。ある日、カメラレンズをベレンに向けていたデルスがそんなことを口にした。シカゴでの高校時代は写真部、大学に入ってからはサブで写真学科の授業も取ってきたカメラ好きの息子は、たとえば付き合いのある養老孟司《ようろうたけし》先生の家に行けば生前の「まる」や、イタリアの実家に戻れば姑《しゅうとめ》がかわいがっている半野良の猫など、どこでも猫を見かけると嬉しそうに撮影しているが、ベレンはほかの猫に比べて猫らしくないのだという。確かに「ベレン」と呼ぶと顔の位置は変えず、目線だけをこちらに向けたりするのはちょっと猫離れしているかもしれない。訪ねてきた人とうっかり鉢合わせをしてしまった時の狼狽《ろうばい》の表情もこれまた面白い。猫に表情筋があるのかどうかは知らないが、ベレンは明らかにその時々の気分を表す顔を見せる。

あらゆるお宅の飼い猫たちがそうであるように、ベレンもまた自分を猫だと認識していない可能性がある。無意識のうちに生活を共にしている人間の顔の動きを習得しているのかもしれない。仕事に明け暮れている時に何気なく圧を感じて振り向くと、遠くからベレンがじっとこちらを見つめている時がある。「あんた、このところちょっと働きすぎなんじゃないの」とでも言わんばかりの威圧感に負け、そんな時は仕事を中断してしまうのだが、ああした日常の人間観察行動が、ベレンを若干《じゃっかん》猫離れした猫にしている可能性もなきにしもあらずだと思う。

一番怠惰なのは人間？

二〇二〇年の三月ごろから日本でもコロナ騒ぎが始まり、それから私はしばらくイタリアへは戻らなかった。というか、戻れなかった。東京にある仕事場ではベレンと十二歳の大きな金魚と一緒に暮らしている。猫の鳴き声と水槽の中で元気に泳ぎ回る音が同居する、賑やかな空間だ。時折、そこにカブトムシやクワガタなど、知人から送られてきたり自分で見つけてきたりした昆虫たちが加わることもある。

かつて縁日の金魚すくいで手に入れた金魚は、飼い始めた当初は二匹いたが、去年一匹死んでしまった。金魚の十二歳というのがどのくらい高齢なのかはわからないが、残された一匹の体には大きな脂肪の腫瘍《しゆよう》ができてしまい、見た目にはなんとも痛々しいが、泳いでは餌《えさ》を食べ、お腹が空くと尾鰭《おびれ》で水飛沫《しぶき》をあげることも覚え、空腹が満たされれば眠っている。与えられた身体機能を満遍《まんべん》なく駆使して生きている姿を見ていると、こちらも元気になってくる。

行動範囲が限定的な空間にいながらも、全身全霊で命を謳歌《おうか》しているという点では家猫のベレンも同じだ。ソファの上でまったりと寛《くつろ》ぎ、時にはとてもレディとは思えないような大きないびきをかいたり、ベランダの椅子の背もたれに登って遠くの様子を眺めていたり、窓から入ってきた虫をふくよかな腹を揺らしながら必死で追いかけたり、猫に備わっているあらゆる機能を使いこなして生きている。飼育ケースの中で樹液を吸いながら夜になるとブンブン羽を羽ばたかせまくる昆虫にだって同じことが言える。

体の全てを駆使して生きる姿には、何一つ傲《おご》りがない。きちんと地球という惑星と連動した生き方を目《ま》の当たりにすると彼らに対する大いなる敬いの気持ちと同時に、楽に生きられるよう便宜性や利便性ばかりを考えている人間が、いかに怠惰《たいだ》な生き物であるかを思い知らされるばかりである。

中でも、人間が最も使いこなしていないと思われる身体機能は「脳」ではないだろうか。体が鈍れば歩いたりスポーツジムに行ったりはしても、思考や想像力をフル回転させることからは逃げ、ひたすら便宜性を優先し、考える労力を避けて怠惰なほうへと引っ張られていく。

その最たる傾向は、思考の言語化の疎《うと》さに垣間《かいま》見えているように思う。日本では、他人の思想と言葉を借りてにわかに教養を身につけた気分を得るハウツー本の需要は他国と比べて特化して高いらしいし、昨今ではSNS上に自分が言いたいことを言語化してくれている人がいれば、「私が言いたかったことはまさにこれ」などと言葉を添えてリツイートしたりする人が多い。自らの頭で考え、思想を開拓し、コミュニケーションを深めるといったプロセスの一つ一つを面倒だからと端折《はしょ》りたがる傾向は、増してばかりいくような気がしている。ホモ・サピエンスというからには知能もそれなりに鍛練《たんれん》していくべきだと思うのだが、それがおろそかになってしまうのは、まさに知性こそ人間の持つ機能の中で最も面倒かつ厄介《やっかい》なものだからかもしれない。思索や言語化に対する怠惰は、そもそも知性を必要以上に発達させてもらっては困るという社会のインビジブルな圧力によってもたらされたものだとも言える。

　シロアリやミツバチは集団で大きな個体を結成する。それを〝超個体〟と呼ぶらしい。群生の生物である人間も、もし〝サピエンス〟がなかったら社会的生物としてもっと順調に機能できていたのかもしれないが、なにせ知性というものがくっついているおかげで自我やら個人意識やら人間としての権利などといった主張が芽生え、集団に帰属するのを嫌がる個体も少なくない。もし羊やイワシにも知性があったら、きっと同じようなことになっていた可能性もあるはずだ。

　そして面白いことに、群生である本能に背く分子が増えることで、大きな塊としての社会が機能しなくなることに不安や焦りや違和感を感じるからなのか、群れを統括することで自己承認への強い欲求を満たそうとする個体が現れるのも、人間という生体の特徴だ。為政者の中にはなんとしても自分たちが理想と思う社会を築くために、個々の思想や想像力といった知性の活性化を抑制しようとする者も出てくる。やり方は様々だ。

　ここ数十年だけでも、カンボジアのクメール・ルージュ、毛沢東《もうたくとう》の文化大革命など例を挙げてみれば数え切れない。統括意欲の旺盛な人物同士がお互いの価値観を押し通そうとすれば紛争や戦争になる。しかし、時にはこうした意識を露わにした統治者がいるわけでもないのに、知性の活性化が抑圧される場合もある。そして、その傾向が著《いちじる》しいと思われるのが日本だ。

　日本には世間体という名の〝戒律〟がある。法でも宗教でもない、世間という圧力がこれほどまでに強い国、さらに言えば世間体の拘束に異を唱える人が極端に少ない国もなかなか思い浮かばない。世間体の戒律に従わない者は「異質」の烙印《らくいん》を押され、群れの中から排除される。異質なものを取り去ることで同質性の高い群れを守ろうとするのが、日本という社会の顕著な特徴だと言える。

日本は出る杭《くい》を打つことには長《た》けているが、出る杭を越えていこうとはしない社会だ。出る杭を越えるべく人の何倍も努力することよりも、出ているものを打つだけのほうが頭を使う必要がなく、圧倒的に楽なのは明白である。

先日、友人のプレゼントを買いにある百貨店に行き、ふと目に留まったセーターを手に取ると、その場にいたショップスタッフから「この色、一番人気ですよ」と声をかけられた。別なものを手に取れば「それもすぐに在庫が切れるんです。お客様、さすがお目が高い」と褒《ほ》められた。大多数の人間と同じ嗜好《しこう》や趣味を持つことが賛辞の対象となるのは興味深い傾向だ。これがもしイタリアであったなら、「その色はあなたしか似合わない、あなたにしか着こなせない」といった言葉こそが決め台詞《ぜりふ》であり、「不特定多数と同じ」というニュアンスの言葉を受けて「じゃあ私も」と購入しようとする客はまずいないだろう。美意識についても同じで、個々によって育まれた審美眼があるため、「日焼けをしてはいけない」「シミがあってはいけない」「シワは難点」といったあるべき論に基づいたわかりやすい美しさというものが存在しない。

だが、日本社会においては、センスを確立したうえで自分だけの逸品を見つけ出すことよりも、どうやら大多数に好まれるものを選択し安心感を得ることのほうが優先順位は上のようで、一番人気のものを選ぶことは、自身の選択が担保され、まるでいいことのように思われている節がある。それはそれで日本という社会の持つ特徴だと思う。ただ、自分という個体の特性を深く掘り下げることなくもっぱら多数派に同調するという行為は、思考という人間の機能を停止させてしまうことにもなる。

とある広告代理店の人物によると、今の日本のメディアではCMもテレビ番組も偏差値を低めに設定しなければ、人気が出ないのだという。一九七〇年代後半から八〇年代初頭によく使われていたような、世界的文学者を起用したり、フェリーニの映画の一シーンみたいな映像を使ったりしたCMは、今は全くウケないのだそうだ。誰にとっても目線が下に向けられるものでなければ、穏やかな気持ちにもなれないし、購買欲も触発されないらしい。もうだいぶ前から世に蔓延《はびこ》っている「かわいい」という言葉はどんなものにも用いられるが、あの言葉こそ私には偏差値を低めに設定しなければ稼働できない社会の象徴のように思えてならない。

繰り返すが、知識人の大虐殺を行ったクメール・ルージュのポル・ポト政権も、「反革命分子」として知識人や政治家を迫害した文化大革命時の毛沢東も、脳をフル回転させ思考を広げていく人間たちを最初に潰《つぶ》しにかかった。古代ギリシャ時代のプラトンやソクラテスですら社会の統括を乱す危険分子とみなされていたわけだから、ホモ・サピエンスが脳を退化させない限り、今後もそうした知性や教養への緊張が解かれることはないだろう。

　猫の行動をうっとりした思いで見つめてしまうのは、本能と、そして生きるのに最低限度必要なインテリジェンスのみでシンプルかつ優雅に生きているように思えるからだ。野良猫には野良猫の社会性があり、それはそれでもちろん厄介なものらしいが、少なくともそういう次元と関わりなく生きているベレンの幸せそうな顔を見ていると、ホッと安堵のため息が漏《も》れ出てしまうのだった。

ベレンの来日

ベレンとの日常を映し出したＮＨＫの番組「ネコメンタリー　猫も、杓子《しゃくし》も。」の撮影では、カメラマンがデルスだったこともあり（本来なら映像制作チームが担当するはずなのだが、ベレンの場合気心の知れた人間以外が撮影することは不可能だったので）、リラックスしきっていた私はボサボサ頭にパジャマ同然の格好でカメラに捉えられ、それをべつだん恥じらうわけでもなく、普段通りに振る舞っていた。後に放送を見た知人たちに「あまりにもテレビに映るということを意識しなさ過ぎ。もういい歳なんだから服くらい着替えなさいよ」と笑われた。でも、この番組の主役はベレンであり、私ではない。私がどんな有様でテレビに映っているかなど大した問題ではなかった。私の暮らしは常にお猫様が中心なのである。

イタリアでの貧乏画学生時代、物件の契約トラブルから警察と大家と錠前屋《じょうまえや》の立ち会いのもと「今すぐ部屋を出ていけ」と言われ、最初に取った行動は猫を段ボール箱に入れることだった。とっさの判断でまず自分が生き延びていくために何が必要なのか、その結論がお金よりもパスポートよりも猫だった。私と詩人はそのまま、着の身着のままで猫の段ボール箱と必需品、そして手持ちの僅《わず》かなお金だけで、容赦なく部屋から放り出されたのだった。

　数年前、ベレンを連れて日本に帰る際も私はほぼ自分の荷物は持たずに帰国した。夫に「それがないとベレンが困るだろう」と言われ、畳一畳大の彼女のお気に入りのヤクの絨毯《じゅうたん》を丸めて黒いゴミ袋で包み、それと猫のケージを両腕で抱えて日本の税関に現れた私は、さながら国を追われた流浪の民のような有様だったはずだ。今でこそ冷静に振り返ってみればなんともやりきれないが、その時の自分はそんなことなどどうでもよかった。猫のためとなったら自分の見てくれへの配慮など意識の端にも引っかからない。猫様に不快な思いをさせないために付随する苦労など、正直全く取るに足らないのである。

　ベレンを日本に連れてくるための準備は一筋縄では行かなかった。『テルマエ・ロマエ』のヒット以来日本に滞在する時間が長くなり、イタリアの家で私の帰りを寂しく待っているのがかわいそうだからと、夫も私もかなり軽いノリでベレンを日本に連れて行くことに決めたわけだが、猫の出国の準備は正直、二度と体験したくないくらいややこしく、面倒だった。書類やワクチン接種など、日本に入国するためにかかった時間はトータルで半年を超えた。

ベレンはポルトガル生まれだったので、アメリカへの引っ越しの際にはワクチン接種の記録が記された猫パスポートなるものを作らされたが、入国はそれほど大変ではなかったし、アメリカからイタリアへ戻る時も全くスムーズだった。かつて暮らしていたシリアからは、それこそその都度飼っていた猫をバスケットに入れてイタリアに連れ帰っていたが、大した審査は求められなかった。調べてみると、世界において、日本やニュージーランドやイギリスなど、世界でも島国における動物検疫《けんえき》が悉《ことごと》く厳しく、中でも日本は特化して動物輸入の検疫が厳しい国とされていることがわかった。

出国元の獣医による健康診断の証明書、政府が指定する保健機関でのワクチン接種証明書、マイクロチップの証明書……。揃えなければならない書類の量は半端《はんぱ》ではない。出国するまでにワクチン接種による抗体の反応を待たねばならないために、最低半年の期間がかかるということだ。書類の記載漏《も》れや不備があるなど、入国先の検疫審査でひっかかると、最長百八十日間足止めされてしまう。もしそんなことになったら、人見知りで臆病なベレンは死んでしまうかもしれない。だったらイタリアに置いていったほうがいいのではないかとも思うのだが、実はベレンは夫が飼っている猫と相性がひどく悪く、私が不在の間は二匹とも両前脚にストレス性のグルーミング過剰によるハゲができていた。夫としては自分の猫を心配して、何が何でも日本に連れて行ってもらいたいと言うし、私も寂しい日本での滞在中ベレンがそばにいてくれればありがたい。となれば、ベレンには何が何でも、いっぺんで審査をクリアして日本に入国してもらう必要がある。私と夫はしばらくの間、朝から晩まで猫の書類を睨《にら》み続けながら過ごした。

　とはいえ、締め切りに追われつつ、面倒な書類づくりをしていると「これは、正直根性がある人しかクリアできないな」と痛感させられるばかりだった。できれば動物類を日本に連れてきては欲しくない意図を、こうした婉曲《えんきょく》な嫌がらせ的面倒臭さでアピールしているのではないかと思えるくらいだった。

　だが、ハードルが高ければ高いほど燃えるのは夫のベッピーノも私も同じで、「なんとしてでもクリアしてやる」と闘魂を燃やし、自分たち的には一切落ち度のない書類を携《たずさ》えて、私は成田の検疫官にそれを手渡した。

　書類を受け取ったまだ三十代と思《おぼ》しき若い検疫官は表情一つ変えずに一枚一枚慎重に

めくり始めた。その間私はベレンのケージの持ち手を握りしめ、ひたすら「何事もありませんように！」と胸の内で祈り続けていた。検疫官は全てのページを時々顔に近づけるなどしてつぶさに確認し、最後のページを閉じたところでゆっくり私のほうに顔を向けた。そして制帽の鍔《つば》の影で読み取れない表情のまま、ひとこと「完璧です」と言い切った。私はその場で飛び上がって喜び叫びたい思いを抑え、イタリアの夫に「勝った！勝ちました！　ＶＩＶＡ!!」とショートメールを送った。

ちなみにその後、チップの確認などをするために検疫官の前に引っ張り出されたベレンだが、パドヴァの家を出てから二十時間、狭いケージに閉じ込められ続けてきた憤怒《ふんぬ》はとっくに収まり、かなり元気が萎《な》えていた。他人の前であるにもかかわらず、いつになく従順なベレンだったが、検査が終わって再びベレンをケージに戻していると、実は自分も猫を飼おうと思っているんですよ、と検疫官から不意に声をかけられた。

「ベンガル猫、かわいいですね。うーん、ベンガル猫にしようかな……」

私はその若い検疫官にひとしきりベンガル猫の特徴や魅力を捲《まく》し立《た》てると、笑顔で手を振ってゲートから外へ出た。あの時のこの世の全てに対して勝ち誇ったような解放感は一生忘れることがないだろう。

この話を友人たちにすると「あんただから連れてこられたんだ」と半ば呆れられることもあるが、今もベレンを日本に連れてきたことに悔いはない。ベレンも日本の空気にはすぐに適応してくれた。世界の各地で暮らしてきたベレンだが、ベンガルヤマネコはもともと亜熱帯のバングラデシュあたりに生息していることから、東京の夏の暑さや湿気は体質に合っているようだ。夫もイタリアからやってくると「ベレン、今までで一番落ち着いているね」と言っていたが、イタリアにいる間ストレスでできた前脚のハゲも日本に移住したとたんに治ってしまった。

今やベレンは、この東京の私の仕事場を完全に自分の城として生きている。

最初はイタリアから担いできたヤクの絨毯の上に蹲《うずくま》ってばかりいたが、まもなく活動の領域をどんどん広げ、イタリアではなかなか出たがらなかったベランダでも日当たりのいい日には堂々と横たわり、日向ぼっこをしている。

ベレンは今日も、日の当たる部屋で横になって壁に手を突っ張らせて、大きく伸びをしている。そして太陽の日差しを全身で受けて、地球という惑星の恩恵を謳歌《おうか》している。

私の〝ニャンコ先生〟

ベレンは魚という生物に対する潜在情報が本能的に欠落しているのか、金魚を見ても全くなんの反応も示さない。動いているもの、というだけでも多少の関心があってもよさそうだが、とにかく水槽そのものを意識する気配がない。

しかし昆虫は違う。カブトムシが飼育箱の中でカサカサやっていると気が気ではないらしく、外に出せばすかさず猫パンチを喰らわせる。カブトムシもクワガタも体は猫より小さくても、猫パンチなどという侮辱を喰らえば立派に戦闘本能を発揮し、ベレンに向かって威嚇《いかく》をしている、その様子が面白い。写メを撮ってイタリアの夫に送ると「昆虫は危険だからあまり近寄らせないほうがいい」などという返信が戻ってきた。夫は昆虫に一切合切《いっさいがっさい》関心がないので、私が昆虫のネタを振っても反応はいつも適当だ。

夫だけではない。『ファーブル昆虫記』で知られるジャン＝アンリ・ファーブルが地元きっての変人扱いを受け続けてきた話は有名だが、少なくともヨーロッパでは、私のように珍しい昆虫を見つけて興奮するのは、昆虫を研究している人間以外にはほとんど存在しない。ましてや、日本のように外で捕まえてきた昆虫を籠《かご》に入れて家庭内で飼育するような習慣もなく、「これは珍しい！」と夫やその家族に興奮気味に伝えても「マリは本当に変わっている」と呆れられるのが常だ。

いつぞやは、夫の家族と皆でドロミテ山塊《さんかい》の山道を散歩していたら、珍しいミヤマクワガタを見つけたので、それを捕まえて彼らに見せようとしたところ、姑《しゅうとめ》から「ゴキブリを手《て》掴《づか》みするなんて、あんた頭がおかしいわよ！　信じられない！」と非難された。それ以来イタリアに滞在している間は、昆虫好きの側面をいっさい外に出さないようにしている。

ただ、川に面したパドヴァの家にいた頃のベレンは、窓から入り込んでくるイトトンボやハチなど小さな虫への反応は常に機敏だった。魚に対しては稼働しない本能も昆虫に対しては活性化するらしい。ポルトガルのブリーダーによって何代にもわたり室内だけで飼育されてきた猫ではあっても、ベンガルヤマネコたる血筋は、水を弄《もてあそ》んだり、昆虫を面白がったりするところで露呈するようだ。

猫の本能といえば、かつてシリアのダマスカスで暮らしていた頃、私が五分ほど買い物に出た隙にでっかい野良猫が部屋に侵入し、当時飼っていたメス猫のモモと交尾しているのを見て腰を抜かしたことがあった。なぜなら、我々の家があったのはアパートの二階であり、いくらサカリのついたモモの鳴き声に地域のオス猫が引き寄せられてきたところで、猫の身体能力をもってもそこまでの到達は不可能としか思えなかったからだ。一体どうやって侵入してきたのか、その後家族でも検証したが、どうやら窓から一メートルほど離れたところにある樹木によじ登って、そこから窓までジャンプしたらしい。窓は前脚で頑張ってこじ開けたのだろう。凄まじき繁殖への執念である。

　モモに乗っかっていたのは、私がこの世で見た猫の中でもマックスで頭も体もデカく、この世で見た猫の中でも最もやさぐれた様子の赤トラだった。わめき騒ぐ私を睨みつけるそのふてぶてしい目つきは、まるで「ゴッドファーザー」のドン・コルレオーネを演じるマーロン・ブランドそのものだった。おそらく、地域の猫社会におけるドンのような存在に違いない。ボス級の猫が本気で人間を威圧する凄みにはとにかく圧倒された。

　モモはダマスカスの市場で見つけた老メス猫だが、避妊をしていないので色気の放出は衰えていない。シャム猫特有の気高さがあり、さらに長い間狼と一緒のケージに閉じ込められていたためかやたらと気難しく、なかなか人間には気を許さず容易に撫《な》でさせてもらえなかった。佇《たたず》まいは「極道の妻《おんな》たち」の岩下志麻《いわしたしま》ばりの妖艶《ようえん》さだった。二階までなんとか到達を果たしたマーロン・ブランドにしてみれば、鳴き声の主である岩下志麻を目の当《ま》たりにして、もういてても立ってもいられなかったのだろう。

　当初数ヶ月の滞在予定だったダマスカスで老猫モモに妊娠などされたら一大事である。一匹ならまだイタリアへ連れて行けるが、複数になったらなかなか面倒なことになる。私は玄関に立てかけてあった箒《ほうき》を手にすると、マーロン・ブランドの肉厚な背中をぐいっと押した。「コラッ、モモから離れろ、このドラ猫！」と大声で喚《わめ》きながら、箒で背中をパシパシ叩くが、マーロンはびくともしない。びくともしないどころか、モモの上に跨《またが》ったまま、より殺意の漲《みなぎ》った眼差しで私を鋭く睨みつけてくる。明らかに「貴様、まさかこれがどういう状況だかわからんとでもいうのか？」というマーロンの胸中の怨《えん》嗟《さ》が、その視線から鋭い剣となって私を突き刺した。私は怖《お》じ気《け》づいて固まってしまった。

　結局マーロンは悠々とことを済ませると、開けっ放しのままになっていた表玄関から堂々と出て行った。出て行く前に、今一度箒を持ったまま茫然自《ぼうぜんじ》失《しつ》している私に振り向き、「おぼえときや、このくそったれめが」とでもいう心中を鋭い睨《にら》みに変えて、絶対的な存在感をその場に残したまま、通りの真ん中を歩いて去って行った。ボスの貫禄というのを思い知らされた瞬間だった。明らかに私の敗北であり、その僅《わず》か数分の情事によってモモは見事にマーロンの遺伝子を受け継いだのだった。数ヶ月後、私たちはモモと生まれたての赤ちゃん五匹を連れてイタリアへ戻ることになった。

猫とは言語というかたちでのコミュニケーションは叶《かな》わないが、マーロンが私に向けた怨嗟《えんさ》の睨みのように、目での意思疎通はおそらく成立する。猫の目力の強さは、他の動物とは比べ物にならない。

ベレンは〇時を過ぎると、仕事机に向かう私の足元にやってきて、ただひたすら、黙って私を見つめ続ける。私がなんの反応も示さないと、短く太い声でニャと鳴く。その間も微動だにせずじっと私に視線をすえたまま、立《た》ち退《の》く気配を見せない。どんなにモニターに向かって集中力を注いでいても、視界の端にこちらをじっと睨み続けるベレンの小さな顔が入ってくると、私の中で諦《あきら》めのスイッチが入る。ベレンに睨まれることで、潜在意識の中にある「自分は仕事ばかりをしている」という後ろめたさと向き合わされてしまう。仕事をやめるとベレンはそれまでの威圧感を瞬時に払拭《ふっしょく》し、お花畑を駆けるうさぎちゃんのようにぴょんぴょん跳ねて、お気に入りのヤクの絨毯《じゅうたん》の上に私を誘い、

「ほら、いくらでも撫でていいよ！」と言わんばかりにごろりと寝転がる。猫でも人間でもメスというのはしみじみ強《したた》かなものである。

気のおけない友人や家族と長電話をしている時は、私の心が安定しているのが伝わるのか、ベレンも安堵《あんど》した様子で適当にごろごろやっているから、彼女は長年一緒にいることで私のストレスを見極める術《すべ》を身につけたのかもしれない。

とはいえ、私にはベレンがどんなことを考えているのか、そもそも何かを考えているのかどうかさえ残念ながらわからない。けれど、ベレンが眼差しを通して訴えていることを、想像力で受け止めることは大事なことではないかと感じている。

養老孟司《ようろうたけし》先生がかつて愛猫《あいびょう》について「まるはものさし」というようなことをおっしゃっていたが、まさに猫は人間の、いやこの地球で生きる同じ生体として生きる上で忘れてはならないこと、過剰になってはいけないことを示唆《しさ》してくれる存在だと思う。古代エジプト時代においてなぜ猫がバステトという名の神たる地位におかれていたのか、仏教の国では仏の半開きの眼差し、キリスト教の国では天におわします父に向けられたキリストの顔と猫の目力が同質の効果をもたらすことを考えると、全く不自然ではない。

私がイタリアと日本の移動を繰り返していた頃、ベレンは出発前の私のスーツケースに居座ったりわざとおしっこをしたりして抵抗していたくらいだから、ベレンなりに寂しさを強《し》いられる辛《つら》さや不条理を感じてはいたのだろう。

ベレンといることで、ベレンを大事だと思えば思うほど、死生観についても常に考えを巡らせるようになった。

ベレンの命もいつかは尽きる。もしかしたらベレンの前で、私が先に倒れるかもしれないが、ベレンの死を看取《みと》る可能性は大いにある。その時に私はおそらくとても取り乱す可能性がある。しかし、物理的に触れ合うことができなくとも猫という〝形〟の中にあった魂は我々の中で残り続けるのは確かだ。そんなことをベレンが元気な今から時々考えるようにして、その日への心構えをしているのかもしれない。そんな辛気《しんき》臭《くさ》いこと考えないで今を謳歌《おうか》するべきだ、と言われたこともあるが、ゴルムを亡くした時に体感した絶望感の凄まじさはできれば避けたい。大いに今を楽しみ、大いに今の幸せを共有しつつも、メメント・モリの意識を保つのは決して間違ったことではないだろう。

視覚に頼ることができなくなった時にこそ、想像力がこれまでにないほど機能するようになるのは確かだ。子供の頃からたくさんの猫や昆虫などの小動物と一緒に過ごしてきたおかげで、死生観に対する思索のキャリアは長い。母が亡くなった時も、びっくりするくらいに冷静でいられたのは、常に死や魂について考え続けてきたからなのだろう。

ベレンは私にとってかけがえのない大事な相棒である。彼女の魂がいずれ私から離れてしまうのは辛いことではあるが、それだけの思い入れがあるからこそ〝生きるとは何か〟を強く示唆してくれる存在でもある。つまりベレンは私にとって地球上で生きる生体としての大師匠でもある。

大切なのは、知恵に傲《おご》らないこと。傲りこそ、ホモ・サピエンスが最も扱いを気をつけなければならない感情だ。知恵を受けたことを恵まれていると解釈するのは、生きる辛さから目を背けたいとする人間の、これまた知恵の工夫である。私にしてみれば自らの命を飾り立てることも、自分を特別なものと捉えることもなく、日々飄々《ひょうひょう》と費やしながら生きているベレンのほうが潔《いさぎよ》い。子供の頃私の大好きだったテレビアニメ「いなかっぺ大将」の主人公には、ニャンコ先生と呼ばれる猫の師匠が寄り添っていたが、私の日々の生活もいなかっぺ大将とそう変わらない。ベレンは私にとっての唯一無二のニャンコ先生なのである。

猫の名前

初めて飼っていた猫との別れを経験したのは十四歳の時だった。

フランスとドイツの一人旅を終えて帰ってきた直後、十歳の時からずっと一緒だった猫のバロンが体調を崩し、母が連れて行った獣医のもとで息を引き取った。バロンは家族で一番私になついていたが、その死に立ち会うことはできなかった。

バロンは周囲からは〝牛猫〟と呼ばれるほど体の大きなハチワレの猫で、二〇〇メートルほど離れた位置からでも確認できるほど存在感のある地域のボス猫だった。母の同業者である札幌交響楽団のヴァイオリン奏者の家で生まれたのを、母が里親となって引き取ってきたわけだが、とにかく家族の中ではひときわ私になついていた。寝る時はいつも一緒で、私がヨーロッパの旅に出ていた時も私のベッドに潜《もぐ》り頭を枕に乗せて寝ていたらしい。しかし、私が旅先で珍道中を繰り広げている最中にバロンは持病の糖尿病を悪化させてしまった。

「寂しかったんでしょう。あなたが帰ってきて安心したのよ」。そう母に言われた時は、バロンの寂しさに気づけなかった自分の無責任さに苛《さいな》まれてただただ申し訳ない気持ちになり、収拾のつかない喪失感に見舞われた。

バロンは地域のボスだったこともあり、一日のほとんどを外で過ごしていた。私たち人間に縋《すが》ってくるような態度もなければ、依存する様子も全くと言っていいほどなく、時々外で捕えたスズメをお裾分《すそわ》けと言わんばかりに口に咥《くわ》えて持ち帰ってくることもあった。ベレンと違い、バロンにとってメインの生き場所は外であり、家は彼のテリトリーの一部分だったのだろう。私にこそなついていたが、他の人間にはべつに愛想を振りまくこともなかった。彼には自由という孤独を謳歌《おうか》しているような清々《すがすが》しい逞《たくま》しさがあった。にもかかわらず、私が一ヶ月いなかっただけでベッドに毎日潜って寝るくらい寂しかったのかと思うと、いたたまれなかった。見た目が逞しすぎただけに、彼の見かけによらぬ繊細さに触れて胸が苦しかった。

猫は全般的に構われたくない生き物だが、人間と共生するようになれば、それなりの慮《おもんぱか》りが必要になってくる。犬と違って勝手にやってくれるから、とほったらかしにしておけばいいわけではない。それを母も痛感したのか、もっと健康状態を気をつけてあげればよかったと落ち込んでいた。

母も祖父母の代から、犬や猫を絶やしたことのない家の育ちだった。

昭和八年生まれの母は、神奈川県の鵠沼《くげぬま》にあった生家でも犬と猫を飼っており、戦時中の疎開先である小田原でも犬と猫を飼い続けていた。うろ覚えだが、一度実家のそばに戦闘機が落ちて爆発騒ぎがあった時、学校から帰ってきた母はその当時飼っていたコロという犬と、猫の初代バロンを抱えて、祖父がアメリカから運んできた鉄枠のベッドの下に潜り込んだそうだ。そのベッドはその後、母が北海道で暮らすようになってからも長い間使っていたが、このベッドのおかげで自分とコロとバロンは戦時中を生き延びたんだ、という話を何度となく聞かされた。

戦後一家は東京の池袋に引っ越すが、そこでも生き延びた猫の初代バロンや犬を中庭であやす母や祖父母の姿が写真に収められている。母にとって初代バロンは強く印象に残った猫であり、苦難の時代をともに過ごしてきたという意味では私とベレンの関係とよく似ている。思い入れの深い猫たちの名を、母は何度となく繰り返し名づけ、その後も生活をともにすることになった猫たちに深い愛情を注ぎ込んでいた。

小学校から湘南《しょうなん》にあった由緒正しいミッションスクールに通い、川端康成の娘と同窓生だったことが自慢の母は根っからのお嬢様だったが、単なる習い事として手にしたヴァイオリンに本気で打ち込むようになり、高校時代にそれをヴィオラに持ち替え、やがて演奏を生業《なりわい》として生きていきたいという意志を持つようになった。明治生まれの父親は娘が芸事の道に進むことに強く反対したが、一九六一年、北海道の札幌で新しいオーケストラが新設されるという情報を知るや否や、勘当《かんどう》を言い渡されながらも一人で上野駅から身寄りも友人もいない新天地へ向かい、札幌交響楽団の女性団員一号となった。

その時彼女が暮らしていたのは、古い板張りの日本家屋で、そこでは猫ではなく犬を飼っていたらしい。生まれた時からそばに犬や猫がいる環境で育ってきた母にとっては、恋人や友人を見つけるよりも動物の相棒を見つけるほうが先決だったようだ。

その後母は結婚をするも私を産んだ後にすぐに夫を亡くし、まもなく再婚をして妹が生まれるも、海外で働いていたその伴侶《はんりょ》とも早いうちに別れてしまった。女手一つで子供二人を育て、しかもなぜか別れた夫の母親も時折同居していたのは、狭い市営団地だった。

そもそも団地では動物を飼ってはいけない決まりなのだが、暮らしていたのが一階であったこと、そして私たち姉妹は母が夜遅くに帰宅するまでの間、二人きりで留守番をしなければいけなかったことなどを理由に役所と話し合い、母はいつしか犬猫を飼ってもいいという特別な許可を取りつけていた。

　私の記憶にある一番最初に母がもらい受けてきた猫は、真っ黒でコマと命名されていた。コマの記憶はそれほど鮮明ではないが、小学校一年生の時に記した日記にはコマという名前が頻繁に出てくる。コマは外猫にありがちだが、いつの間にか姿を消してしまった。その後我が家にやってきたのがハチワレのミニホルスタイン、バロンだった。団地で始まったバロンの暮らしだったが、まもなく母が建てた一軒家に移ってからは、そのあたりを自分のシマとして君臨するようになる。

　バロンが亡くなった後、クラスメイトの家で生まれたというキジトラを引き取った。名前はメル。しかし、やはりオス猫は縄張り問題で姿を消しやすいのか、まだ家にきて数ヶ月も経たないうちに姿を見せなくなってしまった。メルがいなくなってからは、しばらく猫なしの生活が続いたが、ある日突然、入れ替わるようにペルシャ猫がやってきた。おそらく老猫だったのだろう。白い毛はもつれて毛羽立ち、目の縁《ふち》が炎症を起こして真っ赤に爛《ただ》れていたため、まるで歌舞伎の連獅《れんじ》子《し》のような様相だった。いるだけで場を制するような、ひときわ貫禄のある猫だったが、一体どうやって玄関まで入ってきたのか、誰にもわからない。追い出してきても戻ってきてしまうので、放っておくことはできず、母は「この猫にしてみれば、きっとここに何かあるのよ」という解釈で飼うことに決めた。

頑固者の母は子供を素直に褒《ほ》めることができない。絵を描いても「下手くそねえ」、ヴァイオリンを弾いても「下手くそねえ」と、何一つ評価をしてくれない。ましてや娘たちに対する愛情表現すら滅多にしないくせに、通りで見かける鳥や猫や犬となると、同じ人格とは思えないくらい慈愛に満ち満ちた様子となる。しかし、私たち娘はそんなふうに無条件で動物をかわいがる母を見ているのが好きだった。

見えているものの三分の二が空とも言えるほどの北海道の大自然の中で、母は猫に限らず、犬も蛙《かえる》もザリガニも、見つけた生き物はなんでも家に連れて帰ってきた。私と妹が「また拾ってきたの？」と呆れ返ると「だって可哀想じゃないの、放っておいたら死んじゃうじゃないの」と肩を落とす。娘たちに怒られ「わかったわよ、じゃあ追い出せばいいんでしょ」と未練がましく一度は外に出すが、翌朝目を覚ますや否やドアを開け、犬や猫が体を丸め小さくなっている姿を娘たちに見せると、「ほら、ごらんなさい。こんな寂しい思いをさせて」と私たち娘の判断を非難する。どちらが親だか子だかわからない展開となったのは一度や二度ではない。

　札幌から根室《ねむろ》、網走《あばしり》、稚内《わつかない》に至るまで、北海道のあらゆる場所へヴァイオリンの出稽古に愛車のワンボックスカーで出向いていた母だが、大自然の中に敷かれた道路を走っていると狐や鹿といった野生動物にも何度も遭遇する。以前私の運転で日高の日勝峠《につしようとうげ》というところを走行していたら、一匹の太ったタヌキが路傍を歩いていた。助手席の母はそれを見つけるなり大声で「タヌキ!!　ちょっと止めて止めて!!」と叫び、車から降りると草むらに隠れてしまったタヌキを舌を鳴らして寄せつけようとした。母の声に驚いてあやうくハンドル操作を誤るところだった私だが、腰をかがめてなんとかタヌキとの接触を試みている母を運転席からじっと諦観の眼差しで見つめ続けるだけだった。

　数年前、夏休みの帰省の際に日高のトムラウシ温泉へやはり私の運転で向かっていると、途中、脇の熊笹の群生からいきなりヒグマの子供が飛び出してきたことがあった。その時も母は我々の耳をつんざくような嬌声《きようせい》を上げ「わあ、仔熊よっ、かわいい!!」と窓を開けて大声で叫ぶものだから、熊のほうが怯《おび》え、大慌《おおあわ》てで逃げて行ってしまった。人間でいえば小学二、三年生といったところだろうか、近くにはおそらく親熊がいるはずなので、興奮する母には頼むから落ち着いてくれと言い含め、その場からすみやかに立ち去ったが、母はその後もずっと「かわいかったなあ、丸い耳がぬいぐるみみたいだったなあ」と一瞬だけ出会った仔熊への思いを横溢《おういつ》し続けた。

と、ここまで散々野生動物を見かけた時の突発的な母の反応について触れたが、実は私もその血をしっかり受け継いでいる。しかも私の場合は、見つけたその場でその動物に名前をつけてしまう癖がある。野良猫も一瞥《いちべつ》した瞬間の顔のイメージで名前が決まる。通りを歩いていて猫を見つけると「ドラ公」「ミミちゃん」など瞬時につけた名前で呼びかけてしまうのだ。そんな現場に息子がいあわせている場合は「ハハ、頭大丈夫」と怪《け》訝《げん》な表情で問いかけてくるが、無意識に近い条件反射なので仕方がない。「そもそもミミちゃんって何なのさ」と笑われても、そんなことは私にもわからないから答えられない。猫の名前はいつでも唐突に決まるのだ。「所有欲の表れなんじゃないの」と言われたこともあるが、そういうわけでもない。単に彼らへの親しみを表現したいだけなのだと思う。

イタリアに暮らすようになってから飼ってきた猫の名前も、全て根拠なく衝動的につけてきた。アロ、プーチ、モモ、ムッシー、全て何の意味もない。見つめているうちに、なんとなく思いついた音並びである。

しかし、ベレンという名前にはしっかりとした意味があった。ちなみに命名したのは私ではなく夫のベッピーノだ。当時暮らしていたポルトガルのリスボンの近くに、大航海時代インド航路を発見した冒険家ヴァスコ・ダ・ガマが出港したことで有名なベレンという港町がある。歴史好きの夫のことだから、それに由来しているのかと思っていたら、実はそうではないという。当時イタリアで絶大な人気を誇ったグラマラスなタレント、ベレン・ロドリゲスみたいに美人（美猫《びねこ》）なので、同じ名前にしたのだという。夫が普段見せることのない世俗的動機によって名づけられた名前だった。とはいえ今ではベレンがベレンと呼ばれることはほとんどない。いつの間にか皆ベレンを「マミ」と呼ぶようになった。発端は私だが、ベレンの顔を見ていると、「マミ」という名前が思い浮かんできてしまうのだ。夫は当初「ベレンという名前が気に入らないのか」と不満そうにしていたので、決してそういうことではないという旨を伝えた。本名はあくまでベレン。でも、愛称がマミ。そんな感じなんだと伝えると、そのうち夫もベレンを「マミ」と呼ぶようになった。

二度目のシリア滞在で、我々と一緒に暮らすことになった猫の名前は「ゴルム」だったが、その由来も適当だ。その頃、ダマスカスの映画館で唯一公開していたのが「ロード・オブ・ザ・リング」であり、私たち親子は娯楽に枯渇していたため、この映画を四回も見に行ってしまった。駐車場で仔猫を拾ったのはちょうどその時期だった。名前に迷っていると、息子が仔猫の顔が映画に登場するゴルム（ゴラム）に似ていると言い出した。それで「ゴルム」と呼ばれることになった。

最近、この歳になって人の顔や名前を覚えられない傾向が強くなりつつある。過去に接した人の顔と名前が出てこないことなどしょっちゅうだ。しかし、猫については違う。今まで接してきた全ての猫たちの模様や名前は普通に思い出すことができる。遠い過去の猫たちはもちろん皆もうこの世にはいないし、死に立ち会えた猫はほとんどいないから、それぞれどんな命の終わり方をしたのだろうということを考え出すと、切なくて悲しくなってしまうが、私の命が続く限り、全ての猫たちはその名前とともに私の記憶の中で、いつまでも生き続けていくのだ。

猫の出産、私の出産

フィレンツェで詩人の彼氏と暮らし始めてまもなく、美術学校の帰りに母に手紙を出そうと中央郵便局に向かって歩いていたら、郵便局の前のアーケードに、捨てられた犬や猫のための募金ブースが設けられているのが目に入ってきた。

ブースの上に、赤トラの猫が入れられた籠《かご》を見つけたので近くで見ていると「あなたの家で飼えないかしら」と、募金箱の傍《かたわ》らに座っていた女性に声をかけられた。猫がいる当たり前の暮らしを断たれて半年、我々の暮らしにはすでに貧乏の兆《きざ》しが如実《にょじつ》に表れ始めていた。私は母から仕送りをもらっていたものの、家賃を払って二人で食べていくにはとても足りない。かといって詩人はどんな仕事も長く保《も》って二日。どうして我慢して続けられないのかと詰めよれば、必ず大喧嘩になる。こんな世知辛《せちがら》い暮らしじゃやりきれない、猫でもいてくれればと思っていた矢先だったこともあり、私はその場でしばし考え込んでしまった。もしかすると、これは運命の出会いなのかもしれない、と思うも、動物嫌いの詩人は私がいきなり猫など連れて帰ってきたら激昂《げきこう》するだろう。後ろ髪を引かれつつ、一度はその場を立ち去るも、籠の中にいた赤トラ猫のことが忘れようにも忘れられない。自分と猫のために詩人と戦う覚悟を心に決め再びブースを訪れ「こちらで引き取ります」と伝え、籠ごと家に持ち帰った。

詩人は案の定「人間二人でも暮らすのが大変なのに猫なんて！」と怒り、予定通りの大喧嘩に発展した。よく覚えていないのだが（辛《つら》い思い出は積極的に忘れてしまうので）、猫の籠だけ持って家を飛び出し、近くの公園かどこかでベンチに座って、泣いた記憶が漠然と残っている。

結局詩人は根負けして、苦手な動物との共生を強《し》いられることになった。「アロ」と命名したその猫は全く人見知りをすることなく、籠から出てくるなり私と猫じゃらしで遊び始め、勝手に家の中を散策しては、適当なおもちゃを見つけて遊んでいた。私にもすぐになついて、ソファに座れば必ず膝の上に乗ってくる。最初は嫌そうにしていた詩人だったが、滑稽なアロの態度を見ているうちに、思わず笑ってしまうこともあった。

動物が苦手な人は、大概動物が苦手な家庭に育っている。詩人も例に漏《も》れず、親は犬も猫も飼ったことのない人たちだった。だから、二人が家に訪ねてきた時、詩人はかなり焦っていたが、動物嫌いな人にも愛想よく近づくアロを見た母親が「猫って、なかなかかわいいね」と表情を緩め、時間とともにアロと打ち解けていった。詩人もまた、アロと暮らすようになってから徐々に猫の魅力に引き込まれ、アロが成長した頃には「中央郵便局の前に里親を探している別な猫がいた」と生後四ヶ月のまだあどけないメス猫を連れてきた。数年前に私が連れ帰ったアロを巡って大喧嘩をしたのが嘘のような詩人の行動だった。我々は相変わらず金欠で、家賃も滞納しているような状態だったのに、結局アロに続いてそのメス猫も飼うことになった。アロよりもお利口そうなその猫の名前を「モモ」と名づけたが、その初代のモモとアロはあっという間に仲良くなり、モモのお腹にはすぐさま仔猫が宿ってしまった。まだ四ヶ月だから大丈夫だろうとタカを括《くく》っていたら、大きな間違いであった。モモのお腹は日に日に大きくなり、ある日、まだ寝ていた私のところへ餌《えさ》を催促するのとは違う逼迫《ひっぱく》した声で鳴きながら、大きなお腹を引きずるようにして絡《から》んできた。私が起き上がると、物置の扉を開けろとやたらとせがむ。直感でモモの出産を察した私は段ボール箱に古着を敷き詰めると、それを物置の中に入れた。するとモモは速攻でその箱の中に入って横たわり、ずっと私の顔を見つめながら少し苦し気に短く鳴き続けた。

私にとってはそれが初めての猫の出産への立ち会いだった。モモは低い呻《うめ》き声を上げながら次から次へと小さな仔猫を産み、一緒に排出される胎盤を舐《な》めるように食べた。私が立ち上がろうとすると「行かないで！」と言わんばかりにこちらを見つめたまま短く鳴き、そしてまた仔猫を産む。出産は猫でも心細いものなのだなと思いながら見守り続けたが、一時間ほどかけて全部で七匹の仔猫を産んだ。初産《ういざん》であるにもかかわらずモモは立派に若いお母さんとなったのである。私も詩人もかわいい仔猫たちに気を取られ、その時点で養わなければいけない猫が一気に九匹になったことなど気がつく由《よし》もなかった。

黒猫二匹、ハチワレ二匹、サビ猫二匹、三毛一匹。その段階ではまだオスメスの判断がつけられないが、どの子も五体満足で、何を投げ出してもいいくらいかわいい仔猫たちだった。モモのハチワレの顔は心なしかやつれ、七匹もの仔猫に授乳をし、その分いつもお腹を空かせていたから、餌を絶やすことができない。仔猫たちは日に日に大きくなって気がつくとよちよち歩きをし始めるようになったが、驚いたことにこちらが何を教えたわけでもないのに、皆砂の入ったトイレ箱に入って用を足していた。

「なんてお利口さんなんだ！」と詩人は仔猫たちを見て歓喜していた。猫嫌いだった人間だとは信じ難い変貌ぶりだった。

仔猫たちには小さいうちからすでにそれぞれの個性が現れていた。黒猫のうちの一匹は、いつもぼんやりしていて授乳の時間にも出遅れるので、ついつい手を貸してしまう。対して、メスのサビ猫プーチは、どの猫よりも反応が早く、名前を呼べばどこにいようが一声鳴いてすぐに足元にやってくる、犬のような利発さを備えていた。観察しているとメス猫のほうが保守的かつ頭が良く、無謀な試みをするようなことはしない。一方オス猫はやはりテリトリー拡張欲が強いのか、家の中をどんどん冒険し、カーテンをよじ登り、窓枠の上に登って降りられなくなったりしている。少なくとも私が飼ってきたオス猫は皆、愛想はよく、玄関に現れた人間であればそれが郵便局員であろうとなんであろうと足元にすりすりと体を寄せて媚《こび》を売る。猫も個体差があるので断定はできないが、メスはオスよりも人間社会に適応して生きる術《すべ》をいち早く身につけていくように見えた。

田舎の農場で生まれたという幼妻モモが、甲斐甲斐しく子育てをする姿は健気でかわいらしくいつまでも見ていたいほどだった。一方、夫のアロは「遊ぼう、遊ぼう」と七匹の猫たちに無邪気に詰め寄られるのを負担に感じ育児鬱《うつ》になったのか、ある日、二階にあった我が家から中庭に飛び降り、そのままどこかに逃げ去ってしまい、以来、姿を見せることはなかった。アロと一緒に暮らした期間は四年ほどだった。

　夫に逃げられたあと、モモは懸命に七匹の子供たちを育て続け、皆すくすくと成長していった。生まれてからまもなく、夜になるとベッドに横たわる私の上で全匹寝るという術を身につけたが、彼らの体重が重たくなっていくにつれ、私は毎夜圧迫感による悪夢にうなされるようになり、加えて嵩《かさ》む餌代とトイレ代で将来的な不安を覚えるようになっていった。結局仔猫たちが三ヶ月目に入った頃プーチと母猫モモ、のんびり屋の黒猫一匹とオスのハチワレ一匹を除いて里子に出すことにした。しかし、それからまもなくプーチとハチワレが近親相姦の情事を起こし、みるみるプーチのお腹が大きくなってしまった。昨今問題になっている多頭飼育のリスクが私にも発生しつつあった。出産の日もプーチは破水している状況でありながら、「お願いだから、一緒にいて」と、調《ととの》えてあげた段ボール箱の中から訴えた。私がトイレに立とうものならよろよろと後追いし、扉の外で待ち続けた。

　外猫であれば、人間に頼るという選択肢などない。というより、そもそも仔猫の頃から生きのびることへの不安と恐怖は常に備わっているはずだ。対して家猫は、人間と一緒にいることで得られる安心感を知ってしまい、モモやプーチのように、自分でもどうしていいのかわからず戸惑う時は人間を頼ろうとする。人間に守られて暮らしていると、常にご飯は与えられるうえ、事故や病気による死の危機に瀕《ひん》することもほとんどなく、本能はどんどん甘やかされていく。

プーチは小柄な猫だったこともあり産んだのはたったの三匹で、そのうちの一匹は二週間ほどで亡くなってしまった。血が近すぎるとこういうことになるのか、と思うくらい小さな仔猫で、それでも必死で生きようとしているのがわかったが、為す術はなかった。生まれてくるということは過酷でもある。プーチは自分の子供が一匹減ったことに気がついていたようだが、毅《き》然《ぜん》と他の二匹を育てた。

それから程なくして、今度は人間の私が妊娠し、出産した。私以外ほかに誰一人として頼る相手がいない息子と、生活力のない詩人。二人を養っていくことは不可能なのだから、選ぶべきはどう考えても単独ではどうにもならない生まれたての息子だろう。猫の出産に立ち会ってきたことも、私がそうした判断をするきっかけになったはずだ。

詩人と別れる動機はもっとたくさんあったが、とにかくいったんは離れることが、私が子供にとって安心できる母親であるためにも必須だった。詩人は私にも子供にも去って欲しくは当然なかったが、すったもんだの挙句、私は子供以外の全てを置いて日本に帰国することを決めた。猫を連れて行けないことだけが、大きな苦しみだった。プーチやモモ、そしてその他の猫たちはその後詩人が田舎の友人の家に引き取ってもらったというが、それまでの室内だけの安穏《あんのん》とした暮らしから、生活は一転してしまったはずだ。彼らの行く末を思うと今も悲しいし、申し訳なさでいっぱいになる。生きる辛さにもがく私を支えてくれたのに、私は彼らをフォローし続けることができていない。私の人生はいつも猫に申し訳ない気持ちを抱き続けてばかりだ。それで報いられるわけではないが、ベレンを撫《な》でる時はいつも過去の猫たちを思い出す。「皆の分もベレンをかわいがるから、皆ベレンをお願いね」と、きっともうこの世にはいない彼らを一匹一匹思い出しながら、胸の奥で祈り続けている。

人の心が豊かな国は猫も幸せ？

八歳になったデルスと夫のベッピーノとともにシリアの首都ダマスカスで暮らしていた頃、道を歩けばすれ違う大人が寄ってきてデルスの頭を撫《な》でる、という不思議な現象に何度となく遭遇した。

比較文学の研究をしていた夫の専攻はアラビア語、ポルトガル語、そして英語（厳密に言えば、これらの言語が普及した植民地の言葉など）で書かれた文学というものだったが、それまで暮らしていたエジプトの、隙あらば誰かに騙《だま》されるかもしれないという猜疑《さいぎ》心《しん》を抱え続けての生活に疲れ果て、引っ越してきたのがダマスカスだった。

当時はまだイラク戦争が始まる前で、人も街も何もかもが絵に描いたように平和だった。夫は日中はフランス政府の研究所に通っていたので、普段私はデルスと二人きりで外を散歩したり、広場でバドミントンをしたりするなどして過ごしていたが、アラビア語ができなくてもそれを不安に思うことがないくらい、緊張感の抜けた心地で暮らしていた。

　ダマスカスはあらゆる文明の栄枯盛衰と対峙《たいじ》してきた、世界最古の都市である。その起源はＢＣ七〇〇〇年まで遡《さかのぼ》ると言われており、旧約聖書の創世記に登場するアダムとイブの息子カインとアベルが生活していたのが、今もダマスカスにあるカシオン山だ。カシオン山は私たちが暮らしていた住居の窓からもよく見えたが、山とは言っても植物で覆われているわけではなく、年季を感じさせる茶褐色に乾いた岩肌は世界最古の都市の山にふさわしい、波乱と諦観を折り重ねたような存在感を放っていた。

　私が『テルマエ・ロマエ』という作品を描く、最も大きなきっかけとなったのはこのシリアでの滞在だった。タイムスリップをした人間の臨場感のようなものを、私は時間の止まったような人々の暮らしが営まれ続けている首都ダマスカスやシリア国内を旅することで体感し、時間経過の価値観が世界一律で共有できるものではないということを痛感させられた。人間は前だけ向いて歩いていけばいい、という未来信仰的な考え方のナンセンスさを感じながら、ずっと昔から変わらない旧市街の道のうねりやモスクでの人々の祈る声にダマスカスという独自の時間の流れを生み出しているこの都市の偉大さと、数えきれないくらいのレイヤーが重ねられているような奥深さに日々惹き込まれていた。

　息子は通りですれ違っただけの見ず知らずのおじさんに頭をくしゃくしゃにされていたが、同じように家の近所の路地でやはり中年のおじさんが、猫を撫でまわしている光景というのもよく目《ま》の当たりにした。彼らは人間の子供を含む小さい生き物を見ると、いても立ってもいられなくなる性質なのかもしれない。ゴルムだって、ダマスカスの集合住宅の駐車場で行き場を失いうろうろしている姿を最初に見つけたのは、管理人の白髪のおじさんだった。彼らは仔猫を見つけて騒いでいる私たちにすかさず「出会いは運命。これは、あんたがたが飼いなさいというアッラーの思《おぼ》し召し」と言葉をかけてきた。イスラム社会では、犬は不浄の動物とされている。対して、猫を見ればかわいがるような文化は広く根づいていて、中でも真っ白な猫が神聖化されている傾向があった。「そいつは残念ながら半分白くて半分茶色だが、一緒に過ごせばちょっとくらいは幸せになれるだろう」と管理人の親父《おやじ》は冗談めかして笑っていたが、結局私たちはその猫を飼うことに決め、その後も管理人の親父は私たちと会うたびに「あの仔猫は元気かい？」と気にかけてきた。

　あの頃シリアで見かけた野良猫たちはふくふくと太り、どこか人間を侮《あなど》っているかのような誇り高さを醸《かも》し出しながら街を練り歩いていた。暮らしていた住宅の内庭にたむろしている野良猫たちにも、人間との共生にすっかり慣れきっているオーラが漂っていた。人間に媚《こび》を売ることはないものの、ご飯をあげれば自然とその場所に集まるなど、人間社会とうまく歩調を合わせながら生きているように見えた。猫たちは人間が自分たちに危害を与えることはないと確信しているようで、そんな彼らの様子がダマスカスという街に平和な印象を与えていたのだと思う。その後の紛争によってすっかり瓦礫《がれき》と化してしまったホムスの街でも、パルミラでも、そして北部の都市アレッポでも、私は平和な猫たちを見かけてきた。シリアが本当に元通りになるには、あの平和な、人間と共生することになんの懸念も見せない猫たちの存在が必要だ。

　シリアでの暮らしの後、ポルトガルに移り住んだ時に見かけた野良猫たちも、やはり皆それなりに肉付きもよく、人前でも焦ったり怯《おび》えたりすることのない平和な様子で、そんな猫たちを日々当たり前に受け入れて生きるポルトガルの人々もまた穏やかだった。すれ違う野良猫たちが少々威張りながら生きている国は居心地がいい国、というのが世界各地を移り住んできた私の見解である。

　シリアやポルトガルは経済大国というわけではないし、ポルトガルはＥＵ加盟国の中でGDPは真ん中くらいだ。しかし、どうも年間晴天率の高い温暖な気候のもとで暮らしていると、私利私欲という〝業《ごう》〟が発生しにくくなるのか、謙虚な生き方で満足している人々が多いような気がする。私もポルトガルにいた時はまだ細々と暮らしている最中だったが、真っ青に抜けるような青空と心地よい日差しの中を散歩しているだけで、いずれ死ぬことが条件だとしても、やっぱり生まれてきたことはすばらしいな！　地球はいいな！などというシンプルな幸福感に満たされたりしていた。

対して社会情勢や気候が厳しい地域では、人間と打ち解けようとせず、体躯《たいく》も痩せて、厳しい目つきをしている猫が多い。たとえ経済が大きく回っているような国であっても、シンプルな次元で幸せを感じることができない人々がいるような場所では、猫もゴロゴロと喉《のど》を鳴らす無防備な心地になることなど滅多にないのだろう。

猫と人間の繋がりは、太古の昔に始まった。キプロス島の遺跡から見つかった九千五百年前の人骨は猫と共に埋葬されていたし、紀元前四〇〇〇年のエジプトでも神格化される前からすでに猫と人間の共生が記録されている。エジプトの考古学博物館に飾られている猫の彫刻の美しさには目を見張るが、あの体のしなり具合といい、無駄のないフォルムといい、猫の持つ神秘性も含めて、つくり手の奥深い愛情と慈しみがストレートに伝わってくる。猫を撫でると幸せホルモンと言われるセロトニンが分泌《ぶんぴつ》されるらしいが、私の場合は漫画などで猫の描写をする時、毛の一本一本を書き込んでいると、心がとても穏やかに、まるで猫を撫でているような気分になる。おそらくセロトニンが分泌されているのだろう。同じように古代エジプト人も猫と暮らすことが人生に健やかさをもたらし、猫の存在を本当に大切な生き物だと全身全霊で感じていたことが、エジプトの猫の彫刻を見ているとよくわかる。

そもそも、猫こそよくこんな複雑怪奇なホモ・サピエンスに寄生できたものだと感心してしまう。本能と知性を駆使しながら時々わけのわからないことをしでかす、得体の知れない、よくわからない生き物にしがみついて生きていくのは、相当なことだ。猫の人間社会への適応力は凄まじいものがある。犬のようにわかりやすい主従関係を築くこともなく、気まぐれで時に自分勝手な態度でありながら、ちゃっかり人間に取り入っている。精神性の生き物である人間には自分たちの存在がなければダメなんだということを、わかりきっているようでもある。地球上において最も支配的生物である人間にこれほど取り入ることができるなんて、やはり猫は生き延びるスキルが高い生物なのだと思う。

かつてイタリアの実家に、突然野良のキジトラのメス猫が現れ、姑《しゅうとめ》がすでに飼っている猫用の餌《えさ》を分け始めたら、その猫は広い敷地のどこかに住みつき、まもなく出産したことがあった。やはり、出産の心細さが普段は信用などしない人間のそばにいることを選ばせたのだろう。それからというもの、母親であるメス猫は仔猫たちを引き連れ、裏庭の玄関の前に一列に並び座って餌を待つようになった。大概、母猫が扉の前で一匹、どことなく申し訳なさそうな顔つきで座っていて、その後ろで仔猫たちが遊んでいるという絵《え》面《づら》だった。写真を撮ってＳＮＳにあげたら一万人の「いいね」が付いた。この猫の母子家族は人間の情けを勝ち取り、食と寝床を確保したわけだが、猫というのはつくづく何もかも弁《わきま》えている。人間にさえかわいがってもらえれば、それだけ生き延びる確率は高くなる。

私は猫に声をかける時、何オクターブも高い声が出る。意図的にではなく、子供の頃から自然にそうなる習性が身についている。「ネコメンタリー」が放送された時、私の猫撫で声を聞いた人が「ヤマザキさんの声当ててるの誰？」などとＳＮＳに書き込んでいたそうだが、ベレンもまたその高い声は自分だけのものと思っている節がある。「かわいい」と人間に愛《め》でられることが彼女にとっての生存の意義でもあるのだろう。そのくせ、ベレンは普通の猫のように「ニャーオ」などとは鳴かない。いつも短く「ナ」とか、「マ」みたいな、猫にしてはドスの利《き》いた低い声で訴えかけてくる。息子はそれを「ハハの真似してるんだよ」と言う。普段低い声で喋《しゃべ》る私に合わせて、ベレンもそんな鳴き声になってしまったのではないかというのだが、その臆測もあながち外れてはいない可能性もある。

　前述したように、ベレンはこれまで飼ってきた歴代の猫たちの中でもひときわ臆病で、現在の東京の仕事場に拠点を移してからも、ベランダに一人で出られるようになるまで、かなりの時間を要した。対してダマスカスの路上出身のオス猫のゴルムは、ナーバスになりがちな機内でも籠《かご》の中で熟睡し、車に乗せれば普通にリアシートの背もたれに寝そべって、窓の外を眺めていたりする。以前ポルトガルからスペインのセビリアへゴルムを連れて旅行をした時も、ケージからちょっと出しただけでホテルの部屋は勝手知ったる自分のテリトリーとなり、トイレも設《しつら》えた場所できちんとした。普段も隙あらば家の外に出て行こうとするところも、大胆不敵なオス猫らしいゴルムだった。それに比べて、プーチやモモやベレンなど、メス猫には縄張り拡張欲がそれほどない。ないわけではないが、それよりもやはり自分の縄張りを守るほうが優先なのか、いつものテリトリーの外にまで積極的に出て行こうとするケースは稀だ。

保守的という意味では、ゴルムは割とどんなよそ猫とも仲良くなれたが、ベレンは全くそれができない。私の漫画がヒットし、それに便乗して日本での仕事が増え、海外と日本を足繁く行ったり来たりするようになってから、「ベレンはお留守番ばかりで寂しいだろうから」と、ハチワレの仔猫を一匹郊外の牧場からもらってきた。夫がもらってきた猫だったので、仔猫は夫になついたが、ベレンはその仔猫が自分の家に入ってきたことを許さなかった。ハチワレは夫によってインカ帝国の王の名前であるアタワルパと名づけられたが、ベレンと同じメスである。だからうまくいくのかと思いきやとんでもない顚末《てんまつ》となってしまった。後でよく調べると、先住メスがいるところへ新しいメスを連れてくるというケースが一番難しいらしい。アタワルパは人間にたとえるのなら、田舎の農家育ちの純真無垢な汚れなき女の子といったところだが、自分よりも十歳も年上の、世界を転々としてきた貫禄のあるおばさんに毎日追いかけ回され、嚙みつかれて疲弊してしまい、そのうち夫の部屋から一歩も出てこなくなってしまった。

「マミはひどいおばさんだ！」とあれだけかわいがっていたはずのベレンを夫も責め立てるようになり、「こんな性格の悪い猫だとは思わなかった！」などと怒っている。ひどい、と言われてもベレンこそ突然自分の縄張りに仔猫とはいえ侵入者が現れれば動揺して当たり前だし、私だって自分の住処《すみか》にある日突然見ず知らずの人間が連れ込まれ、仲良くやってくれと言われてもそうやすやすと受け入れられるものではない。なんであろうと自分たちにとって都合のいいような展開しか望まないのは人間の悪い側面だ。

　というわけで、ベレンを日本に連れてくる決意に至ったのは、そんな理由もあったからである。

生命反応を感じていたい

小学校の二年生くらいまでだったと思うが、母がコンサートの日は夜遅くまで帰宅しないので常に不安だった。二十一時にホールを出れば、家に着くのはその一時間後のはずだが、それでも帰って来ない時は表通りまで出て行って、じっとこちらに向かって走ってくる車の二つのライトを見つめ続けていた。妹は私がいることで安心し、二十一時にはもうすやすやと寝てしまっていたが、私はそうはいかない。二十一時を過ぎるとテレビでは大人用の番組しか流れないようになり、ＣＭも静止画の寂し気なものばかりになってくる。テレビにも見放されると、なんとしても母の顔を見るまでは眠るわけにはいかなかった。母からいつも「お姉さんなんだからしっかりしなさい」と言われ続けてきたのと、子供心に母が必死で働いていたのはわかっていたため胸中の寂しさを口に出すことはできなかったが、それでも心細さは子供の想像力ではどうにもすることができなかった。

そんなある日、近隣に住む普段は優しい奥様たちがやってきて「夜遅くに子供を一人で外に立たせるなんて母親としてどうかしているのではないか」「子供が不良になっても平気なのか」と一方的に母を責め立てるという出来事があった。ちょうど母が休みの日で、車が停まっているのを見て皆集まってきたのだろう。母は「ご心配おかけして申し訳ありません」とひたすら謝っていたが、奥様たちの文句は止まらなかった。いくら仕事とはいえ、幼い子供二人を家に置きっぱなしという行為は、時代が時代なら近所から怒鳴られる程度では済まされなかったのだろう。

　胸が締めつけられる思いがした。仕事で帰りの遅い母を外で待つことさえも母に悲しい思いをさせてしまう。聞こえてくる声の中には「女手一つで子供を育てるんだったら、芸能に携《たずさ》わる仕事をするなんて贅沢《ぜいたく》極まりない。もっと近場で手軽に稼げるパートでもしたらいいのだ」などという冷酷極まりないものもあった。どんなに寂しくてもその感情を表には出さず、ひたすら我慢しなければいけないんだ、と心に深く覚悟を決めるも、近所の人たちが帰った後、一人深いため息をついて台所の椅子に座っている母を見て、こんな顛末《てんまつ》になってしまったことに涙が溢《あふ》れた。そしてそれが人の怖さを知った初めての瞬間でもあった。

団地は、多くの人が暮らす場所であり幼い姉妹に世話を焼いてくれる人々はたくさんいたが、眠る時や食事をする時は皆それぞれの場所に戻り、私と妹は再び二人きりになってしまう。周りにこれだけたくさんの人がいることが、むしろ寂しさを増長させるのだということにも気づかされた。そして、人間には裏表があることを知ったことで、幼い私は人間社会を斜めに見るようになり、学校などの大きな社会的単位に馴染《なじ》むことができなくなってしまった。いかに大人の世界が自分が思っていたものと違うのかを知り、理想と現実の差異をまざまざと見せられたことは、現在の懐疑《かいぎ》的《てき》な自分を形成しているようにも思う。

家の中で静かに留守番をしている寂しさに押しつぶされそうになっていた私にとって、屋外は居心地のいい空間だった。北海道の田舎では、自宅にいるよりも、外にいるほうが生命反応を感じられるからだ。木々が生い茂り、たくさんの生体が生息している気配のする森の中に入って行くことは、怖くも寂しくもなく、それ以上に森全体に「いらっしゃい」とばかりに受け入れてもらっているような安心感があった。

虫が見ている世界を知りたいと草の中に横になり、顔を地面に近づけると、昆虫たちの仲間になれるような気がした。もはや〝好き〟を通り越し、身も心も昆虫と融合しようとしていたのだろう。

　広い自然の中で短い命を懸命に生きている虫たちがなにせかっこよかった。木の幹の樹液にクワガタやカナブンなどの甲虫類や蝶など様々な種族の虫たちが渾然一体《こんぜんいったい》と集まっているのを見ると、自分もそこに混ぜてもらいたくて仕方がなかった。トンボや蝶など網《あみ》で捕まえた昆虫は家の中で放し飼いにする。飼うといっても、籠《かご》から放つだけだが、そうすると彼らは習性上、電飾のそばにあるカーテンにくっついてしまう。それでも、家の中に生き物が増えると、不安な気持ちがいくらか払拭《ふっしょく》されるという効果はあった。あの頃、帰宅した母がカーテンを閉めるたびに悲鳴を上げる、というのもお決まりのパターンであった。

　団地の一室で母の帰りを待ちながら、狭い団地の部屋の中で飼育される生き物たちもどんどん増えていった。猫、犬、ザリガニ、エビ、亀。リス。魚。動物好きの母ではあったが、ザリガニや昆虫など小動物が増えることには戸惑っていた。でも、娘の寂しさを察していた彼女にはそうした生き物たちの飼育に口出しはできなかったようだ。

　家の外に広がる大自然こそが、私の住処《すみか》だった。森には昆虫が、そして川には鮭《さけ》の稚魚やウグイが泳いでいる。夕方になると上空を山に帰るカラスたちが鳴きながら飛んでいくのを、地球に命を授かった者は皆頑張って生きているんだなあ、としみじみ感心しながら見上げていた。彼らが果たしてどこまで孤独や寂しさという感覚に苛《さいな》まれるのかはわからないが、人間より逞《たくま》しく、生き方が地球に対し真《ま》っ当《とう》なことだけはよくわかった。外で生き物を探して駆けずり回る以外は、図書館に毎日のように通って本を読み漁《あさ》り、家では絵を描いたりお話を作ったり想像力をフル稼働状態にして、寂しさに陥《おちい》らないよう努めていた。

その時の名残で私は今でも昆虫に強い関心を持ち続けている。「なぜヤマザキさんはそんなに昆虫が好きなんですか？」と問われるが、昆虫は地球で一緒に生きている仲間でありながら意思の疎通ができないというのが主たる理由だ。昆虫は同じ地球に生息する宇宙人みたいなものだと子供の頃は思っていた。地球という惑星の大気圏で生きる生物、という以外に共有できるコンテンツが何もない。違いをわかりあうことも、協定もないのに共生ができている。害虫扱いを受けて人間に処分されてしまう昆虫もいるが、生命を宿していること自体に理不尽さや不条理を感じることもなく、飄々《ひょうひょう》と遺伝子を残し続けていく。その生き様が清々《すがすが》しく潔《いさぎよ》い。

精神性を備えた社会的生物である人間にとってコミュニケーションは必須だから、通じ合えない昆虫たちにシンパシーを抱けない人がたくさんいるのは仕方のないことだ。意思の疎通のできない心地のよさなどと気楽なことを言えるのは、猫という気の置けない相棒と生きている傲《おご》りといえば傲りだろう。それでも昆虫へのリスペクトは萎《な》えることがない。

以前、自分の通っていた母校で先生をするというＮＨＫの番組で、二日間ほど北海道の小学校で短い授業をしたことがある。漫画家という職業ではあるが、私が子供たちに教えたのは昆虫との付き合い方だった。その小学六年生のクラスに事前リサーチをしたところ、なんと私にとっては家よりもホームだった大自然が間近にあるという環境で育っていながら、虫が苦手という子供がほとんどだったことと、野山がもう遊び場という扱いにはなっていないことを知った。

「どうして昆虫が嫌いなの」と聞いてみると「何考えているかわからないから」「気持ち悪い」「言うことも聞かないし、ペットにならない」など、どれもこれも人間至上主義的な答えに尽きていた。よって私の課題は、まず森に入って苦手な昆虫と向き合い、翌日、「もし朝起きて自分が嫌いな虫になっていたら？」というカフカ的テーマで絵日記を記すというものになった。生徒たちは面白くなさそうな顔をしていたが、そんなことに構わず私は生徒三十名を連れて裏山へ入った。そして、木の根を穿《ほじ》り、葉を裏返し、倒木を転がして、そこに生きている様々な昆虫の共生風景を皆に見てもらった。

　ダンゴムシ、ゴミムシ、アリ、ミミズ、何かの幼虫。子供たちは最初はぎゃあぎゃあ喚《わめ》いていたが「こいつらからしてみれば私たちが脅威ですよ。いつ踏み潰《つぶ》されるともわからないんだし」と言うと少し静かになった。

　翌日、「先生。ぼく、実は皆に内緒で虫を飼ってました」という子供が二人ほど現れた。それぞれ自分たちの飼育ケースの中身を見せてくれたが、一人は便所コオロギと呼ばれるカマドウマ。もう一人は緑色のカナブン。便所コオロギは害虫扱いを受けているが本人が気に入っているのなら飼うのは勝手だ。なんだ、昆虫好きなんじゃん、と言うと照れ笑いをしている。でき上がってきた絵日記はどれも凄まじく面白かった。

　この授業を経て子供たちにとっての昆虫は少しは身近な存在になったようだが、昆虫にしろ、熊にしろ、鹿にしろ、ネズミにしろ、人間の文化的生活の安定を乱す存在は〝駆除〟という始末の対象となってしまうことを改めて考えさせられる授業となった。

　なぜ知恵を携えただけで人間は偉いのか。なぜ人間は地球上における選ばれし生物という自負を抱くのか。遺伝子を存続させるために本能以上の能力を駆使し長生きできるからスゴい、ということなのだろうか。世界で一番征服支配欲が強いのはわかったし、大したものだが、だから何、とも思うのだ。

最近あらゆる地域で熊の出没が著《いちじる》しく、少しでも姿を目撃されれば駆除のターゲットとなって猟友会に追われるが、それを非難でもしようものなら「実際熊に襲われたらそんなこと言っていられないはずだ」と反論されるだろう。でも私は、人間の犯罪に巻き込まれるよりは熊に襲われるほうがまだマシだ。

以前飼育していたアフリカ産の巨大なクワガタに人差し指を挟まれ、あまりの激痛に指がもげてなくなるのでは、という危機に差し迫られたことがあったが、クワガタを殺す気にはとてもなれなかった。結局水を掛けたら驚いて指を離してくれたが、穴の空いた指を見て、人間の弱さをしみじみ痛感した。人間は自らの弱さを知恵でもって必死に武装するしかないのだ。水を掛けるという行為はまさに知恵の勝利ではあるが、その様子を見ていたベレンの目は「クワガタに挟まれたりして、ばかみたい」とでも言いたげだった。

仕事が詰まって遅い時間まで仕事をしていると、ベレンは「いつまでそうしているの？」とこちらに視線を投げかけたまま、瞬《まばた》きもせずに私の足元にじっと座っている。

お湯を沸かし風呂に入ろうとすれば、「何のためにお湯に浸《つ》かるの？」と問いかけるような目で私を見つめる。漫画を描いている時には「人間はなぜ表現をするの？」と哲学的とも言える問いを投げかけつつ、原稿用紙やｉＰａｄを持つ手の上に乗って作業を邪魔する。なぜ表現をするのか。なぜ絵を描いたり音楽を奏でたりするのか。以前子供からこれと同じ問いかけを受けて私が答える、というテレビ番組では「表現は人間の脳みそにとって、いわゆる〝ご飯〟なんです」と答えたが、畑や漁業が体に必須の栄養素を与えてくれる第一次産業だとするなら、表現はさながら脳への栄養素供給を目的とした、精神面での第一次産業だと言えるだろう。子供の頃からどうして絵を描きたくなるのか、それも寂しければ寂しい時ほど表現欲が湧いてくるのが疑問だったが、この歳になってベレンの問い（ないし自問自答）を経て、なんとなくそんな答えに帰着している。

　真夏の北海道に戻り、原風景とも言える暗くて深い圧倒的な原生林を前にすると、人間の能力の限界を改めて感じさせられることがある。原生林の中でたくさんの生命反応を感受していると、とうてい人間が地球上で一番偉いなどとは思えなくなり、威張り腐って傲っていてはオシマイだ、と背筋を伸ばす。

　コロナ禍を経て二年半ぶりのイタリア滞在から帰国したその翌日、東京の仕事場の近くを歩いていると、目の前に突然、紫に白い斑点《はんてん》のある美しいハナムグリが飛んできた。車の往来の多い中、このままでは車に潰されると本能的に感じた私は、それを素早く素手でキャッチすると両手に閉じ込めたまま、近くの渓谷まで足早に移動して、手中のハナムグリを放った。頭上でカラスが鳴いているから、下手をすると餌食《えじき》になるかもしれないが、車のような人間の知恵の産物の犠牲になるよりはいいだろう。もちろんどうやって生きようと死のうと昆虫には大した問題ではないのだろうけど、私は日々ベレンから「人間だからって、偉そうに傲ってんじゃないよ」と目ヂカラで威圧され続けているので、どうしてもこういう行動にでてしまうのだった。

プリニウスと私

　時々自分の作品の中に自分もこうありたいと思う登場人物を描くことがある。漫画『プリニウス』の第五巻で登場する名なしの子供がそれだ。古代ローマの博物学者である主人公のプリニウス（二三－七九年）が、海賊に襲われた船から救い出した子供だが、雛《ひな》から育てたカラスといつも一緒で意思の疎通ができている。物語に登場してしばらくは名前も性別も特定せず、既成概念に縛られない自由の象徴的存在として描いた。

　その子は連れのカラスだけではなく、出会ったばかりのロバや猫たちとも心を通わせ、水の中をまるで魚のように泳ぐ。風や山の〝声〟に耳を傾け、これから地球で起こることを敏感に察知していく。

　主人公であるプリニウス自身についてもまた、生物には優劣などないと信じて疑わない存在として描きたかった。プリニウスの出生地であり子供時代を過ごしたコモは、スイス国境から程近い、アルプスの山々に抱かれた美しい大自然の都市だが、大人になっても森羅万象に対して飽《あ》くことのない探究心と好奇心を稼働し続けたあの人格は、まさにそうした大自然が培《つちか》ったものではないかと、私は自分の経験を重ねてそう考えている。

イタリアでは教養のある軍人というイメージで定着しているプリニウスだが、古代ローマ人と多くの相似点を持つ日本人の目からしてみると、インテリの軍人という括《くく》りに収められるような人間だったとは思えない。我々の過去には南方熊楠《みなかたくまぐす》という人物もいたし、京都には山本読書室という特異な博物学研究所もあった。日本文化では自然のあらゆる植物や生物が、和歌や俳句に登場し、襖絵《ふすまえ》や屏風絵《びょうぶえ》にも自然と繋がる尊きものとして描かれてきた。自然と密接に繋がっている八百万《やおよろず》の神々もギリシャ・ローマの神々も、人間が自然の統括者ではありえないことを示唆《しさ》している。そうした土壌でなければ育まれないインテリジェンスというものがあり、プリニウスはまさにその特性を象《かたど》った人物だと思っている。

イタリアでプリニウスの話をするとたいていは「昔学校で名前は覚えた」だの「教科書に出ていた」程度の反応しか戻ってこない。私がプリニウスを知ったのはイタリア留学を始めて間もない頃だったが、きっかけはイタリアではなく、澁澤龍彦《しぶさわたつひこ》の書籍だった。フィレンツェの国立アカデミア美術学院には日本の芸術大学を出て留学している人たちが何人かいたが、彼らが帰国する際に譲り受けた本の中に、つげ義春《よしはる》や水木《みずき》しげるら漫画家の作品と並んで、澁澤龍彦が記した『私のプリニウス』が混ざっていた。日本語が枯渇していた私は日本語の書籍であればどんなものでも片っ端から読み漁《あさ》っていたが、プリニウスの『博物誌』を多様な角度から分析し、時々鋭くもユーモラスなツッコミの入る『私のプリニウス』の面白さに夢中になってしまった。

　プリニウスの本名は、ガイウス・プリニウス・セクンドゥス。職業は一応、政治家・軍人・博物学者とされているが、政治面や軍事面における業績は、彼が執筆したとされる記録や文献が紛失していることもあり、ざっくりとしたことしかわからない。彼の代表作であり、現代まで残され続けてきた『博物誌』に関しては、軍人としての立場を感じさせるような記述はない。天文・地理、動植物の生態、絵画・彫刻などについてプリニウスの知る限りの知識と教養が綴《つづ》られた百科事典的な内容になっているが、なぜこの書物が現代にまで残り続けることができたのかというと、その後そこに綴られている薬草や動物性の薬といった、健康維持に役立つ情報が重宝されてきたからだ。驚くことに『博物誌』で取り上げられている薬草には、今でも漢方として普通に使われているものがたくさんある。

澁澤龍彦も言及しているが、『博物誌』には決して実際に目で見て調べたものばかりが綴られているわけではないし、明らかに自分より前の時代に生きた人間の記述を空想と妄想でコテコテに盛りつけていると思《おぼ》しき記述も多い。プリニウスは時々自分がその目で奇妙な生物や不可思議な現象を目撃したと伝えていることもあるが、昭和のヤラセテレビ番組である水曜スペシャルの「川口浩探検隊」に入れ込んでいた私は、プリニウスのそんな言葉に胸高鳴らせてしまうのだった。私にとってのプリニウスは時を駆け続ける、偉大なる変人なのである。

フィレンツェでの留学時代、私は同棲していた詩人の彼氏に連れられ毎日のように老作家が主宰する文壇サロンに通っていたが、そこに集う文学者、哲学者、画家、音楽家といった芸術家たちは、それぞれの膨大な知識と想像力に言葉のデコレーションを盛りつけながらいつまでも好きなことを好きなだけ話しているような人たちだった。会話が楽しく盛り上がり、知性が触発されれば何が嘘で何が本当かなんてことは、もう大した問題ではなかった。そんな人たちと長い時間付き合ってきたおかげで、プリニウスのような人物をリアルな人間として想像するのは、私にとってなんら難しいことではなかった。

プリニウスの人柄については、彼の甥《おい》が後に他者との書簡に記した以外にはその人となりを伝える記述がなく、彼自身が書き残した『博物誌』そのものを、本人の人物像として捉えるしかない。逆の見方をすれば、プリニウスを描くことに縛りがないのは好都合だった。『テルマエ・ロマエ』はルシウスという想像上の浴場設計技師を、ハドリアヌスという現実に存在した皇帝と当時の記録をシンクロさせながら描いた漫画だが、ハドリアヌスや古代の浴場については後世の歴史家や古代ローマ研究家によってかなり綿密な分析と調査がなされている。なので物語を構築する際にもあまりいい加減なことは描けない。スティーブ・ジョブズの自伝を漫画にした時は、もっと大変だった。最近まで生きていた人なのでこちらも綿密にリサーチして、正確にジョブズという人物を象《かたど》っていかなければならない。その点プリニウスは本当に楽だった。

　プリニウスが猫好き、というのも、だから実際はどうだかわからない。プリニウスがガイアという猫をかわいがっていたのは著作者の思いつきであり、そもそもあの当時猫という生き物自体そんなに当たり前に生息していたのかどうかすらわからない。しかし、世界を丸ごと把握したいという志向を持つ、物事を俯瞰《ふかん》で見つめる人物は、きっと「猫」のような生物とも相性がいいのではないか。そんなことを思ったきっかけは、共同制作者であるとり・みき氏がとあるシーンで一匹の猫が走っているのを描きこんだからだ。それを見て、そうだ、プリニウスにこの猫を飼わせよう、と思ったのだった。

プリニウスが既婚であるという記述は残されていないうえ、交友関係も不明だ。女性に関心がなさそうな上、人付き合いもそんなにいいわけではない。しかし、体軀《たいく》が大きく勤勉だという甥のプリニウスがあらわす記述と、自分の周辺の人間を思い起こすことで、猫を飼うタイプと一方的に判断させてもらうことにした。

猫を描けば、人間を観察する側としてプリニウスやその環境を俯瞰で描写することも楽しめる。観察者であるプリニウスを観察される対象とすることも面白いのではないかと考えたのは、私自身、日々ベレンからの視線を感じながら生活しているということが大きい。ガイアという猫をプリニウスのそばにおいたことで、プリニウスという人物の性質も当初考えていたもの以上に深く広いものになったと思っている。

猫の次に観察されているような気になるのはカラスだ。うちのベランダの外に見える電信柱や家屋の屋根に時々カラスが数羽たむろしておしゃべりをしているが、彼らもまた猫と同じく人間という支配的生物に堂々と寄生している生物だ。その強《したた》かさと賢さが魅力的であり、ぜひとも仲良くなりたいと思い、ある日仕事場のベランダに食べ物やカラスが好きだというキラキラするものや針金のハンガーなんかを並べてみたこともあったが、カラスは頭がいいのでそんな短絡的な誘いには乗ってこない。こんなに人間の傍《かたわ》らで生きていながら、安直に距離を縮めるようなことはない。そんなところがまた私のカラスシンパシーを強める要因となっている。

「信頼」という落とし穴

　テレビ番組の取材でミラノを訪れていた二〇二〇年三月、当時すでに現在のように日本を拠点にイタリアと日本を行ったり来たりの生活を送っていたため、せっかくだから日本へ帰る前にパドヴァにある自宅と夫の実家に立ち寄ろうと考えていた。だが、姑《しゆうとめ》に電話をしてみると彼女が口にしたのは意外にも「そのまま日本に帰りなさい、誰にも会いにこないで」という言葉だった。いったい何事かと思ったら、あの頃横浜港に停泊中だったダイヤモンド・プリンセス号から新型コロナウイルスの感染者が確認されたという報道が欧州でも広まりつつある最中で、日本人は皆どこかで知らず知らずに感染しているかもしれない、という懸念が理由だった。

　言いつけ通りにそのまま日本に帰国すると、程なくして、ミラノからそう離れていない小都市で感染者が確認され、その翌日には私が夫と暮らすパドヴァからもコロナによる初めての死者が確認されたというニュースが報じられた。パドヴァはたちまち封鎖され、夫の勤める高校は休校となり誰も外へ出られなくなってしまった。

　特筆すべきは、政府が緊急事態として移動制限を発令するや否や、皆その指示に真《ま》っ当《とう》に従ったことだ。イタリアでは軍隊が出動し、迷彩服を来た軍人が歩いている人を見つければすかさず外出許可書の提示を求める、という物々しい雰囲気に包まれていた。普段はたとえ誰であろうと人からの指図を嫌い、何事も自分たちの判断で生きていると言っても過言ではない自由奔放なイタリア人たちが、この時ばかりは一斉にまとまりを見せた。

　家から出られず、仕事にも行けないとなれば経済が回らなくなる。そうした危機的状況下において、いつもは政府からの指示など真っ向から受け入れようともしないイタリア人たちが、皆そろって右へ倣《なら》えという状態になったのには驚いた。テレビはコロナを大袈《おおげ》裟《さ》に取り上げ過ぎている、何かの陰謀だ、などと指示に抗《あらが》う人間もいるかと思いきや、そんな気配はなかった。

　私の知る限りイタリア人の多くは報道を鵜《う》呑《の》みにするようなことはない。少なくとも私の周りの家族や友人はテレビの報道を半信半疑で見ているような人たちだ。そうした猜疑《さいぎ》心《しん》も長きにわたる歴史の中で培《つちか》われてきたものなのかもしれないが、猜疑心や疑念というのは彼らにとって決して否定的な感情というわけではない。「信じていたのに騙《だま》された」と悔やむ人がいれば「それは信じたあんたが悪い」という言葉を多くのイタリア人が返すことだろう。「信頼」とは相手に一方的に責任を丸投げすればいいだけのものであり、思うようにいかなければ相手のせいにすればいい、受け身の行為だと言える。被害者意識から発せられる言葉も、突き詰めれば自分の頭で考え、責任を負うことを放棄し、全て他人任せにした言葉に過ぎない。疑念は信頼に比べてエネルギーも必要だし、抱えていれば面倒な感情だが、何か予期せぬ事態が起こったとしても「こんなはずじゃない」「裏切られた」と失意に打《う》ち拉《ひし》がれるよりも、ずっと平常心で向き合えるはずだ。

　イタリアでは、政府の決定に対しても、どんなに小さな新聞記事に対しても、個々人が持ち合わせる知識を総動員させ、他者と意見を交わしながら一つ一つの疑念を取り除いていくことから始める傾向がある。そうした作業を繰り返しながら、ようやく最後の「信頼」に辿《たど》り着くわけだが、それだってどこでまた覆《くつがえ》されるかわからない、という心構えは常に内在させている。一千年続いた古代ローマの歴史には人間という生体が起こし得る様々な事象が刻み込まれているが、そんなバックグラウンドも今のイタリア人の内面を構築しているのだろう。

ちなみに私のこれまでの人生は、騙されることの連続だった。面白いことに、騙されやすい人間というのはその家族も騙されやすく、一緒になった家族もまた騙されやすい傾向にある。少なくとも私の場合はそうだし、親族を見ていてもそういうパターンが多いようだ。騙されやすいということは、つまり疑念の稼働力が弱いということだ。私の母は熱心なカトリック信者だったが、高齢になって巧妙な詐欺に引っかかり、お金をたくさん取られた時も「そんなこと言ったって、とってもいい人だったのよ」と相手を擁護していたのには呆れるしかなかった。母は、人間はいろいろ欠陥もあるけれど、それでも皆一生懸命に生きているのだから、責めすぎてはいけない、などという話をし始めた。古代ギリシャの哲学者であるプラトンも「皆生きるのが大変なのだから、誰にでも優しくしなさい」というようなことを説いていたが、これもまた、戦争のような社会的秩序や倫理の崩壊をいったん経験している人間にこそ言える言葉なのではないだろうか。

シリアに暮らしていた頃は、よく買い物で値段を誤魔化《ごまか》されることがあった。アラビア語を喋《しゃべ》れないので、店で何かを買おうとすると表記とは違う値段を平気で言ってこようとする。例えば五〇シリアポンド（八〇円くらい）とシールの貼ってあるポテトチップスに二〇〇ポンドだとふっかけてくるのは日常茶飯事だった。なので私はある日アラビア語の数字だけをマスターすることにした。おかげで同じ目に遭っても「五〇ポンドってここに書いてあるじゃないですか」と言い返すことができるようになった。ちなみにそう言われた側のリアクションは、まずとっさに老眼ないし目の錯覚で数字が見えなかった演技をする。目を細め、手にしたポテトチップスを顔から遠ざけた位置で睨《にら》み「ああ、ほんとうだ、まいったまいった、目が悪くてね」などと誤魔化す。そんな素人演技を目《ま》の当たりにすると憎たらしいが、恨みがましくはならない。

シリアの前に夫が暮らしていたエジプトを訪れた時も、騙されやすいオーラを放っている我々夫婦が騙されないように生きていくには一筋縄では行かない努力が必要だった。

初めてカイロ空港に降り立った私に、迎えに来ていた夫が開口一番に言った言葉は「嬉しそうな表情禁止」だった。何を言っているのかよくわからなかったが、夫も私と久々に会ったわりには顔つきも態度も太々《ふてぶて》しく、本人曰《いわ》くエジプトでは意図的にそうしていないと、どんどん隙を突かれて身ぐるみ剝がされてしまう、ということだった。市内に向かうタクシーに乗った時もすかさず「観光客っぽい顔をしないで！　何か辛《つら》いことを考えるんだ！　ピラミッドを作るために命をボロボロにした奴隷の姿とかを思い出すんだ！」などと言ってくるので、仕方がないから窓の外も見ずに暗い表情で俯《うつむ》くしかなかった。「こうしないと、五〇ドルで行ける距離を二〇〇ドルと言ってくるんだよ」とのこと。タクシーに乗る前に一応値段交渉はしているが、全くあてにならないとのことだった。

夫に至っては、急に舌打ちをしたり、腕組みをしたり、しばらく見ないうちに巧妙な演技を物にしているのに驚いた。夫が「チェッ」とやると、バックミラー越しに不安げな運転手の目が映る。なるほど、こういうことか、といったんは心得るもうっかり窓の外を見ると羊の群れがいて、思わず表情を綻《ほころ》ばせてしまったのを、運転手に見られてしまった。それがいけなかったのかどうかわからないが、結局降車の際には五〇ドルで行ける距離に対して一〇〇ドルを請求され、大騒ぎとなった。

その数日後、ギザのピラミッドへ出かけるも、チケット売り場がわからず迷っていたらどこからか親切そうなおっさんが近寄ってきて、チケットと書いてある場所まで案内をしてくれた。ところが、いざ料金を払う段になって、それが個人でやっているラクダ乗り場のスタンドであることに気がついた。呆れて本当のチケット売り場を自力で探し出し、やっとこれでピラミッドが見られると敷地内に入るも、自分たちの進行方向には必ずラクダに乗ったオヤジが現れて「マダーム、キャメール？」と誘い込んでくる。それを振り切ってまた百歩くらい進むと、今度はまた別のラクダ屋のおっさんが「キャメール？」と歩みを遮《さえぎ》る、という展開が延々と繰り返され、いつまで経ってもピラミッドに到達できないのである。ふと周囲を見ると、ラクダに乗らされたアメリカ人と思《おぼ》しき太ったおばさんが「おろしてちょうだいよ！」と叫んでいる。するとラクダ使いのおっさんが、おばさんに手を差し伸べて「降りたいならもう一〇ドル」とふっかけている。手《て》強《ごわ》い場所に来てしまった、とその時は心の底から痛感した。

結局その時はスフィンクスまで辿り着けず、ベッピーノもお腹が痛いなどと言い出す始末なので、休憩所に行って休んでいると、山のようにラクダのぬいぐるみを担いだおっさんがやってきて「マダーム、キャメール？」とそのうちの一つを目の前に差し出してきた。さすがに私も堪忍袋《かんにんぶくろ》の緒が切れ「ノーモアキャメル!!」と声を上げておっさんを退散させた。

後にこの話をカイロを知る友人などにすると、確かにラクダ・ライディングの勧誘は執拗《しつよう》だが、あんたほどじゃなかったよ、とのことだった。やはり私は世界中の誰から見てもどこか騙しやすそうなオーラを放っているのかもしれない。

とはいえ、早いうちからイタリアへ渡ったことで、私には日本に暮らしていれば必要のなかった猜疑心や懐疑性《かいぎせい》というものが備わっているという自覚はある。子供の頃、留守がちな母が責められているのを目の当たりにした時に感じた大人の両面性や、その後母に連れられて行った香港での様々なトラブルを経て、私の中にはすでに生きることは周りが信じ込ませようとしているほど楽観的なものではない、という確信が芽生えていた。だから十四歳の欧州一人旅でも、その後のイタリア留学でも、散々な目にあってもそれほど失望することはなかったのだと思う。

人生など、そもそも自分の思い通りにはいかないものだと腹を括《くく》っておけば、かえって生きやすくなるものだ。人生はああでなければならない、こうでなければならない、などとあれこれ理想や目標を盛りつけすぎるから足元がおぼつかなくなるのだと思う。最初からそんなものを背負わずに、何が起ころうと生きるなんてのは所詮そんなもんでしょ、と心を構えていれば人生はもっと楽になる。

変わった母親を持ったことも、北海道で幼少期を過ごしたことも、十代で欧州に移住したことも、その後シリア、ポルトガル、アメリカと移り住んだことも、子供が生まれたのも、漫画を描くことになってそれがヒットしたのも、結婚も、何もかも私の意志や目的とは関係なく起こった事象だ。これまでたくさんの国を旅しているが、自分の希望で足を運んだのはチベットだけだった。しかし、よりによってやっと自分で企《くわだ》てたこの旅の最中に私は重度の高山病に倒れ、死にそうになった。うっかりテレビで見てしまった高山鉄道にどうしても乗りたくなって、チベットの標高など大したリサーチもせずに安直なノリで出かけてしまった大きなツケだった。人生なんてそんなものなのである。

知りたいことだけ知って、見たい物だけを見る。失敗や屈辱という負の感情を避け、幸せや充足感のみを求めて生きようなどと都合よく思っていると、ホモ・サピエンスは自ら備えている本来の強さを生かしきれないことになる。それが、騙し騙され、踏んだり蹴ったりの半世紀を過ごしてきた私の勝手な持論である。

「今日から二人で頑張りましょうね」

ワンボックスカーに楽器を詰め込み、巧みなハンドル捌《さば》きで、家から何百キロも離れた北海道各地に出向いてヴァイオリンのレッスンをしては、稽古代も受け取らずに帰宅する。車にはどっさり北海道の農産物や海産物が詰め込まれており、それを嬉々として運び出しながら「ああ、これだから北海道はすばらしい」というのが母リョウコの口癖だった。

小学校の低学年の頃、忙しい合間を縫って張り切ってお弁当を用意してくれたかと思えば、砂糖とバターを挟んだ食パンがぎゅうぎゅうに詰め込まれていたことがあり、他の子供たちの素敵なお弁当を前に、いったんは開けた蓋《ふた》を閉じてしまったことがある。砂糖バターサンドイッチをご馳走だと捉えている昭和一桁《ひとけた》生まれの母に抗議をしても仕方がないのはわかっていたが、もっと彩りのきれいなお弁当にして欲しいと頼むと、その次の機会にはとうもろこし二本を持たされた。

「北海道のとうもろこしは本当に美味《おい》しい。もうこれだけ食べ続けていたい」などと豪語している母に楯突《たてつ》いても無駄なので、それ以降お弁当は自分で作ることにした。

大胆さでは右に出る者はいないと思っていたから、実家で母の育児日記を見つけた時はそのマメさが少し意外にも感じた。

「マリちゃん、今日から二人で頑張りましょうね」

私が一歳になる頃までの日々が綴《つづ》られた母の育児日記には、そんな言葉が記されていた。おそらく父が亡くなった時に書かれた一文だ。

「寂しいわね」「困ったわね」ではなく、「頑張りましょうね」。生きていくのはそれ自体が試練の連続だが、乗り越えていけないハードルはない。その向こうにはきっと自分の努力が報われる何かがあるはずだ。おそらく当時の母はそんなことを自分自身に言い聞かせていたのだろう。

その言葉を地でいくように、母は数少ない休日には妹と私をドライブに連れ出すことがあったが、時には「今日はいい天気だから」という理由で、平日であっても堂々と小学校を休ませることがあった。そんな日に限って好きな科目があり、「今週は、今日しか図工の日がないんだよ」と訴えても、「図工なら家でやればいいじゃないの」などと取り合ってくれない。妹とともにうなだれながら車に乗り込むも、不貞腐《ふてくさ》れていたことはすぐに忘れ、北海道という大自然を満喫しながら過ごした。

　仕事から戻ってきた母に今日は近所を流れる千歳川《ちとせがわ》で遊んだという話をすれば、母は「私も行きたい！」と前のめりになった。いつ川に連れてってくれるのかとあまりに執《しつ》拗《よう》なので、妹とできるだけ浅瀬のハードルの低い川べりを選んでそこへ案内した。母は喜びを横溢《おういつ》させ、年甲斐もなくはしゃいでいるうちに浮き輪ごと流されてしまい、私たちが探しに行くはめになったこともある。大人になったら子供に心配をかけない人間になろうと私は母を見ながら何度も自戒したものだった。それでも共に過ごせる時間は格別で、母や妹とともに目にしたあらゆる大自然の景色は今でも鮮明に覚えている。

「子供が学ぶべきことは、学校の外にもある」という信念を貫いていた母は、子供たちに聴かせたい楽曲が予定されているコンサートがあれば学校を休ませ、一緒にホールへ連れて行くこともあった。妹と私を客席の一列目に座らせ、私たちが上《うわ》の空になっているのを敏感に察知すると、指揮者ではなく私たちを凝視したまま演奏を続けている。その姿があまりに危うくて私も妹も姿勢を正し、どんなにつまらない曲でもじっと我慢して最後まで聴き続けるしかなかった。ある種の苦行だったが、私の旺盛な想像力や妄想癖はこうした経験によって鍛《きた》えられたのだと思う。今でもある種の音楽を聞いているとあらゆるイメージが頭に浮かんでくるのは、その証拠だ。

購読している新聞記事に対する批判は毎日耳にしていたし、自分が感動した映画や本の話はそれがたとえ子供向けではなくても熱心にその感動を言葉で伝えてくれた。

ちなみに母はフランスの古典映画が大好きだったが、中でもお気に入りはジャン・マレー、ジェラール・フィリップ、そしてシャルル・ボワイエといったロマンティックな容姿の俳優たちだった。女優ではマリア・カザレスや「裸足の伯爵夫人」のエヴァ・ガードナーなどが憧れだったようだ。幼少期に暮らしていた団地の壁にはピエール＝オーギュスト・ルノワールの「ピアノを弾く二人の少女」のレプリカが飾られていて、それが時々ラファエロの「小椅子の聖母」やレオナルド・ダ・ヴィンチの「モナ・リザ」に差し替えられるのだが、「モナ・リザ」が壁に飾られている時は、「マリちゃんの家には怖いおばさんの絵が飾られているから怖い」と同級生たちが誰も寄りつかなくなった。夜はグランドピアノの下に布団を敷いて寝ていたが、今思えば市営団地という既成概念を覆《くつがえ》すような場違いな空間だったのは確かだ。

母はどうしても手に入れたい楽器にはお金に糸目をつけなかった。精神性を備えた生き物である人間はお腹をいっぱいにするだけでは必ずしも充足しない。知性や教養という名の栄養を頭にも行き渡らせなければ人間はダメになってしまう。親に反対されても表現者の道を選んだ母なので、そのことはよくわかっていたのだろう。お腹の足しになることよりも、心や頭の足しになることにお金を使ってしまうところは私も同じで、母が「夕ご飯用に」と置いていった一〇〇〇円を妹と折半《せっぱん》すると、きちんとおかずを買う妹に対し、私は本や漫画に使ってしまう。空腹は耐えられるが、本を読みたい欲求を抑えられなかったのは、やはり家では常に留守番を強《し》いられる寂しさや孤独感が要因となっていたのだろう。

母は裕福な家に生まれ、学校の送迎にばあやが付き添うほどの根っからのお嬢様として育てられたため、言葉の端々にプライドの高さを感じさせることもあり、北海道の田舎では言動にハラハラさせられることもあったが、そうした気高さがなければ楽器一本で北海道に渡りクラシック音楽に向き合いながら子供を育てるなどということはできなかったと思う。戦争という不条理や理不尽を体験しつつも、どこか浮世離れした感性があったからこそ実現できた生き方だったと言える。

実家を勘当《かんどう》同然で飛び出した以上、「やはり無理でした」と言って舞い戻ることは彼女にとって絶対に許されなかった。ありとあらゆるバッシングが向けられていたとは思うが、戦争を生き抜いてきた母には、生まれてきたからには納得のいく人生を貫かなければという強い信念があったのだろう。私が十歳の時には借金しつつも一軒家を建て、合奏のできる大きな音楽室をつくり、そこでしょっちゅう仲間たちとトリオやカルテットで演奏をしていたが、あの家は母にとっての誇りであり、たった一人で築いた自分の城だった。

　そんな母を間近で見ながら育ったことが、後にイタリアで十一年も同棲していた相手との子供ができた時、未婚のまま産んで、それまでの拘束を解いて生きていこう、などという発想に繋がったのは明らかだ。様々な苦渋《くじゅう》と辛酸を舐《な》めることになるとわかっていても、男の人に頼らずとも生きている大人の具体的なサンプルが最も近いところにいたことは大きい。

　イタリアで貧乏画学生をしつつ、慣れない商売に手を出したおかげでさらにお金に首を締めつけられるような日々の最中に出産した子供だっただけに、子育てに対し夢や理想を抱く余裕など一抹《いちまつ》たりともなかったが、息子のデルスに対しては、生きるのは大変だけれどなかなかいいもんだよ、ということだけは教えたいと思った。この世は天国ではないし楽しいことばかりでもないのだから、社会に出れば本人が望もうが望むまいが苦労はするだろう。そればかりは自分で対処してもらうほかないが、それでも生きていれば楽しいこともあるよ、ということだけは伝えたかった。

「母親の言うことを聞きなさい」「なぜ子供らしくできないの」などといったマニュアルを持ち合わせていない定形外の母親に育てられた私は、デルスに対して「息子とはこうあるべき」というイデオロギーのようなものは全くない。私の結婚や夫の仕事の転勤に伴い、〝世界転校〟を繰り返し、同世代の子供と比較しても刺激的な経験を嫌というほど積んできたデルスは、周囲や社会的動向に翻弄《ほんろう》されない諦観した子供に育った。仏教の本ばかり読んでいた時期に「あんた、いっそのこと、出家したら？」と促してみたら「どこに子供に出家を勧める親がいるんだよ」と呆れられた。「まだやりたいことがたくさんあるんだよ」ということなので、こちらは干渉せずに遠くから見守るのみである。

三つ子の魂

仕事場の本棚に、表紙もページもバラバラに外れてしまったのを修復したテープですら劣化してしまった状態の使い込んだ昆虫図鑑がある。五歳の誕生日、ちょうど母のオーケストラの演奏会の日、本番前に連れて行ってもらった札幌の紀伊國屋書店で、母からプレゼントとして買ってもらったものだ。一九七二年とあるから、もはや半世紀前になる。

当時の図鑑は今のように鮮明な写真が掲載されているわけではなく、そのほとんどが絵師によって描かれたものだ。一匹一匹、触覚から体毛に至るまで執拗《しつよう》に描き込まれた描写に驚き、将来は絵描きになりたいという思いが一気に増した。この昆虫図鑑を皮切りに私の図鑑コレクションは徐々に増えていくのだが、動物にしても鳥類にしても宇宙にしても、そこに描かれている被写体の美しさに圧倒され、一度表紙を開けば何時間でも眺めていられた。

母が保存していた私の子供の頃の絵を見ると、そのほとんどが昆虫か鳥か動物で、人間は学校の課題以外で描かれた形跡はない。鹿や白鳥が気に入りだったらしく、登場回数が多いのは、北海道という土地柄だろうか。動物たちが時々人間的仕草や身のこなしで言葉を喋《しゃべ》ったりもしているのは、私にとって絵と物語がセットだったからだろう。実際、母が段ボール箱に保存し続けてきた膨大な量の私の絵の中には、いくつも紙芝居や絵本も混じっている。絵本といっても、チラシや今は全く見かけなくなった藁半紙《わらばんし》をホチキスで留めたような簡素な仕様のものだが、私にしてみればそれも立派な製本だった。

大人が子供に「将来何になりたいの？」と問いかけるのは今も昔も同じだが、その答えは刻々と変化を遂げている。男の子であればパイロットやプロ野球選手、女の子はスチュワーデスに看護婦といった職業が圧倒的上位を占めていたあの頃、私の答えはひたすら「絵描きさん」だった。母に対しても、母の友人に対しても、学校の先生にも「私は将来貧乏でもいいので絵描きさんになります」と惑うことなく宣言をしていた。

そんなある日、母が書店で買ってきた一冊の児童文学の本を私に手渡した。表紙には白人の子供と犬の絵が描かれており、タイトルは『フランダースの犬』とあった。まだ「カルピスこども劇場」でこの物語がアニメになる以前の話だ。母に薦《すす》められて読んでみれば、不条理と理不尽が折り重なるような展開にあっけにとられ、終《しま》いにはルーベンスの絵の前で、犬を道連れに行き倒れになって死んでしまうというその結末には驚いた。本を読み終えた私に母は一言「絵描きになるって大変だよね」と呟《つぶや》いた。要するに、私に絵描きになる気持ちを方向転換させようという婉曲《えんきょく》な試みだったわけだ。しかし、私にとって主人公のネロは単なる要領の悪い甘ったれた子供でしかなかった。私は母に「どうしてこんなに寒くてひもじいところにい続けなければならなかったのか」と尋ね、「犬まで一緒に死ぬのはひどい」と訴えたらしい。

　私は『フランダースの犬』の前にやはり母から子供の頃に愛読していたという『ニルスのふしぎな旅』と『アラビアンナイト』の本を与えられ、夢中になって読んでいた。この二つの物語に出てくる子供たちは屈折していたり、やはり理不尽な状況に置かれていたりしても、自ら動き出して大冒険をするという展開だ。『フランダースの犬』のネロのように不遇な自分の立場から脱却しようともせず、誰かが助けてくれるのを待っているような子供は読んでいるだけでもどかしかった。私のリアクションを見た母はそれきり将来の夢に対する方向転換の示唆《しさ》を諦《あきら》めたのだそうだ。

　私が絵描きになりたいと思った動機は実に単純だ。好き嫌い以前に、気がついたら絵ばかり描いているし、絵しか能がないという自覚があったからだ。娘には心密かに音楽家になることを願っていた母は私にピアノもヴァイオリンも習わせていたが、結局熱心になれるのは絵を描くという行為だけだった。中学生になり、そこでもやはり絵描きになるという意志を貫いていた私は、ある日進路指導の教師から「絵を仕事にしても野垂《のた》れ死ぬだけだぞ」と笑い飛ばされたことがあった。「絵なんておまえ、趣味でやるもんだろ。もっと現実に目を向けろ」と手厳しい言葉を突きつけられ、落ち込んでいた私に母がした提案が欧州の旅だった。当初の理由だった「コンサートの出演で予定が合わず行けなくなってしまった私の代わりに」というのは嘘で、最初から、絵描きを目指す私に、美術に対する価値観が日本と異なる土地の空気を体験させるというのが彼女の目論《もくろ》見《み》だったという話はすでにしたが、あの旅がなかったら今の私もなかったはずだ。

母はそもそも海外と強い接点のある家庭の育ちだった。一八九三年生まれの私の祖父は、大学で経済を学んだ後に就職した銀行の支店設立のため一九一五年から一九二八年まで米国で生活した。もともと英語が得意だったことから抜擢《ばってき》されたのだそうだ。最初の渡航先であるロサンゼルスでは亡命ロシア人の彼女もできて、水を得た魚のように現地での生活を謳歌《おうか》したらしい。帰国後もまた同じ銀行の命令でモンゴルに配属となって三年を過ごし、家の中でも畳の部屋に絨毯《じゆうたん》を敷いて椅子とテーブルの暮らしをしていた。朝食は高齢になるまでずっとオートミール、蓄音機では気に入りのエンリコ・カルーソーのオペラ。そんな父親の姿を見て育った母は「一つの価値観に囚《とら》われてはいけない」ということを早くから知って育ったはずだ。

そうは言っても、十四歳の娘を一ヶ月間も日本から遥か遠く離れた場所に送り出す母の心理は、今や母親となった私ですら想像できないが、母は飛行機に乗り込む娘を毅然《きぜん》とした態度で見送った。私が旅立った後、「中学二年生の女の子を一人で欧州に旅立たせるなんて頭がおかしいんじゃないのか」と、周囲からは非難されたそうだ。当然の成り行きだが、かといって母も自分が音楽という生業《なりわい》で生きている立場上、表現者の道を選びたいという娘にはどんな教育が必要なのか、散々考えた挙句の提案だったのだろう。たとえ経済的生産性がなくても人間には必要なものがある。それを自覚するために、ルーヴルのような美術館へ行って、そこに陳列されている、あらゆる時代のあらゆる表現者が残してきた作品を見てくることが一番効果的だという母の判断が、私の今に繋がっていることは間違いない。

「子供だからなるべく危険な目に遭わないように」「苦労しないように」「悲しい思いを

しないように」と親が予防線を張り、苦労する機会を逃して成長する人間は不完全になってしまうという考えが彼女にはあったのだろう。人間には、苦労を乗り越える強さが備わっているはずで、そう簡単に命を挫折《ざせつ》することはなく、むしろそうした辛《つら》さを避けて生きることの脆弱《ぜいじゃく》性を、母だけではなく戦争体験者の多くは感じてきたはずだ。

ちなみに、この十四歳の一人旅についていろいろな人から私の語学力はどうだったのか、という質問を受ける。私の語学力は、当時学校で使っていた『NEW HORIZON』という教科書の中学二年生レベルであり、決してそれ以上のものではない。英会話教室などに通った経験もないから、文字で理解はできても喋ることなどほとんど無理だった。旅のために母が用意してくれたのはＪＴＢの『六ヵ国語会話』のみ。現地のガイドブックも持っておらず、成田空港の書店を物色するも、その時選んだのはパリでしか役に立たない玉村豊男《たまむらとよお》さんの『パリ・旅の雑学ノート』で、文が面白かったので購入。それ以外は何もない。

旅の間、言葉の問題は多々あった。訪ねて行った母の知り合いも現地の人々なので、当然のことだ。しかし、子供の頃から意思の疎通のできない昆虫に強いシンパシーを持ち続けてきた私には、言葉が通じないことは大した問題ではなかった。どうやったら目的地に辿《たど》り着けるのかわからず通りで茫然自《ぼうぜんじ》失《しつ》して立ち尽くした時も、列車の乗り換えを尋ねた駅員に根拠もなく怒鳴りちらされた時も、ここで怖《お》じ気《け》づいたら終わりだと思って気を奮い起こした。人間の親切があてにならないことは、かつて母を責め立てていた団地の住民たちを思い出せば容易に腑《ふ》に落ちることだった。子供の頃から大人たちの現実を目《ま》の当たりにしてきたことで、あらゆることに対して期待や理想を抱けない性格になってしまったが、そのおかげで立ち直れないほどの失望や絶望に陥《おちい》ることもないようにできている。

この一人旅の締め括《くく》りは一人でルーヴル美術館を訪れたことだが、そこに陳列されている絵画や彫刻を見ているうちに、やはりこれは、お金にならないからやらなくていい、とか、そういう次元のものではない、ということを痛感させられた。芸術はメンタルにとっての重要な栄養素であり、人間はそれをわかっているから表現を続け、そうしたものを残す美術館のようなものを建てるのだ。そう思ったとたん覚悟が決まった気がした。表現は精神に対する第一次産業であり、美術館やコンサートホールは、人間にとってなくてはならない精神面への栄養の補給所なのだ。

十七歳で絵画の勉強のために本格的にイタリアに渡り、フィレンツェの国立アカデミア美術学院で、油絵と美術史を専攻するようになってからも、私が目指していたのはあくまで画家であり、漫画を描いてみようと思ったことは一度たりともなかった。私のアルバイトでの稼ぎをことごとく使い果たしてしまう詩人との、信じられないような困窮《こんきゅう》生活も、絵描きを目指す人間にとっては当然の試練であり、『フランダースの犬』のネロよりはまだマシだろうと自分を励ましながらやりくりしていたが、さすがに妊娠がわかった時は考えた。留学して十一年目、正直子供を産まない方向も考えたが、この受胎はもしや、今のどうしようもない生き方の方向転換を促す天からの思《おぼ》し召しではなかろうか、などと勘ぐっているうちに、気がつけば絵で生きていける別の手段をあれこれ模索し始めていた。何かもっと社会と接点のある仕事をしなければ、生まれてくる子供に示しがつかない。いろいろ考えた結果、漫画を描いてみることにした。仲間から「漫画は当たると儲かるらしいよ」と言われ、そうか、それでいってみようと思い立ったのだ。安直にもほどがある。だいたい社会的な接点のある仕事として漫画を選んだこと自体どうかしている。しかし、当時の私にとっての社会性とは、何某《なにがし》かの条件や拘束下に置かれた生き方を意味していたので、漫画という手段は十分それに値していたのだった。

　私が初めて描いた漫画はブラジルを舞台にした、ブラジル人しか出てこない、ブラジル音楽についての作品だった。前述したように私は音楽を聞くと想像力が旺盛に稼働し始めて、頭に様々なイメージが浮かんでくるようになる。子供の頃から大好きだったブラジル音楽はイタリアにいる間も私を生活の辛さから救う最強の手段だったが、人生最初の漫画はそんなブラジル音楽を土台に生み出された。そう考えると、母は私を演奏家として育てることには失敗したが、大きな意味での〝音楽家〟にさせることには成功したのかもしれない。

母が足りない

　去年の暮れ、入院中だった母リョウコがコロナに感染し、僅《わず》か数日で亡くなった。あまりに唐突な死の知らせではあったが、たまたまイタリアからベッピーノが来ていたこともあり、コロナによる死ということで縛りだらけの別れではありながらも家族で母を見送った。そして、どういうわけか兼ねてから思い描いていたような悲壮感や喪失感もなく、「あとから来るよ」と周りに助言されながらも母の死に対する困惑や動揺には未だに見舞われていない。霊安室で距離を置いた位置から見た母の亡骸《なきがら》には今までの人生に対する労《ねぎら》いと感謝の思いだけだった。こんなに近い血族の死でありながら、淡々と受け止めている自分に驚いているが、よく考えてみれば私にとっての母との別れはもうだいぶ前に始まっていたのかもしれない。

　数年前、ある時期を境にそれまで頭の冴えていた母の物忘れが増えていき、動作がゆっくりしてきたなと思っているうちに立ったり座ったりするのも難しくなっていった。

しかし頑固な母はそれほど深刻に自分の変化を捉えていなかった。杖を買うと「いらないわよ、大丈夫よ」と頑《かたく》なに受け取りを拒むし、私たちが見ていないところで転んだりつまずいたりしても黙っていた。そのうち指の関節が固まって楽器はおろかペンも箸も手にすることも難しくなっているのに、一時的なものだと言って聞かない。孫に会いたいというのでなんとかデルスが大学に通うハワイまで連れて行ったものの、到着直後に母の幼馴染《おさななじみ》の家で倒れて現地の病院に即入院。病室をコンサートホールと取り違え、医師を指揮者だと私に紹介したり、ある時は部屋中に黄金の観音様が現れたなどと言い出す始末。これはやはりただごとではないと帰国後に改めて病院へ連れて行くと、レビー小体型認知症とパーキンソン病と診断され、入院生活が始まった。コロナパンデミックが始まったのはそのちょうど一年後くらいからだ。緊急事態宣言が出てから私は母に会うことができなくなった。

　母が足りない、と思うようになったのは、母に認知症の兆候が表れた頃からだ。それまでも決して頻繁に母とコンタクトを取っていたわけではないが、ふとした時に何気なく電話でお互いの近況を語り合うというのはあった。友だちが多くない私は、経験値が高く私の生き様をざっくり客観的に見てきている母には、自分の身の周りで起こっている出来事や悩みを伝えがてら、何気ない彼女の「そんなのどうってことないわよ、ばかばかしいわねえ」「悩んでる時間がもったいないくらいどうでもいい話」「大したことじゃない」「なんとかなる」といった、大雑把《おおざっぱ》なリアクションに支えられていたのだ。

それが、認知症的症状が出るようになってから、途絶えてしまった。意思の疎通ができないことは慣れっこだと言い放っている私が、予測していなかった孤独感に見舞われてしまった。と同時に、認知症を患《わずら》ったことで徐々に記憶を手放していく母に安堵《あんど》している自分もいた。

一般の家庭に比べて私が母親と接してきた時間は圧倒的に少ない。子供の時から母は本当に限られた時間しか一緒に過ごせない人であり、学校から家に帰ってきた時に「おかえり」と迎えられたのはきっと数えられる程度でしかない。だから母がそばにいる時間は特別だったが、同時に私の中では、頼れる人のいない孤独な状況下であっても生きていく免疫《めんえき》が備わった。自分の家族というのは世の中で定番として定められているものとは違って、大切だけれど、物理的距離の近いものというわけではない、という意識が根づいてしまった。

今私が夫とも息子とも一緒には暮らしていないのは決して意図的なものではなく、それぞれの仕事の持ち場やコロナといった避けられないファクターの影響によって気がついたらそうなっていたわけだが、全く問題はない。夫とは毎日メールや電話でやりとりがあるし、近所に暮らす息子も時々必要に応じて現れはするが、全員皆それぞれ単独で暮らすことに慣れているし、必要な時に集まれればそれでいいと思っている。家族のありかたという価値観は多様であり、人類存続のための社会的単位として団結が求められるのはわかるが、家族とは、夫婦とは、常に一緒でなければならないと一方的に決めつけられたり縛られたりするものではない。とはいえ、私も夫も猫という存在がそばにいるから、独りでもやりくりできているということもあるだろう。

　孤独とは自由の一形態だ。自由を求める人は孤独になる。要するに、何かに縋《すが》ったり帰属したりして生きることへの抗《あらが》いだ。だからこそ、社会において孤独は人間にとっての闇であり、否定的なものとして捉えられてきたのではないだろうか。私は人間は人生に一度はしっかりと孤独と対峙《たいじ》するべきだと考えている。孤独という生の実態を知らずして人間が成熟することは難しい。母と会話ができなくなった時に芽生えた喪失感は、私が母を結局は頼っていたことの証《あかし》となった。母の肉体は存在し、魂もそこにあるのに、母の中で私は消失してしまったわけだが、記憶や依存の意識から解放されることの安寧《あんねい》を思うと、私も潔《いさぎよ》く〝母の足りない日常〟というものを前向きに受け止めることができた。

　母についてのエッセイなどを刊行しているので、私たちをさぞかし仲良し親子だろうと解釈している人たちも少なくないが、仲が良いとか悪いというより、彼女と私の関係は、私が息子のデルスとそうであるように、どちらかといえば運命共同体的なものに近い。血が繋がっていなかったら、果たして母のような人と仲良くなれたかどうかは怪しいし、中学生になった頃から、とにかく日々仕事だ稽古だ個人のコンサートだとせわしなく動き回っている母を間近にして、とてもではないがこの人とは一生は一緒には暮らせない、と思うようになっていた。母は豪快で型破りな人ではあったけれど、もともとは裕福な家のお嬢様という安定した基軸がある。しかし、私は子供の頃からそうした基盤を持たず、社会を斜めに見ながら半分孤児のような意識を持って大人になったような人間だ。お金の使い方や価値観にしても全く違うし、特に私がイタリアで自分のパートナーを持つようになってからは考え方の違いも顕著になっていった。でも、お互い自分たちと縁もゆかりもない土地で人生を切り拓いてきた者同士、考え方や性質の齟齬《そご》はあってもよき話し相手でいられたし、世界や社会について彼女なりの考察を聞くのは楽しみであった。修羅場をたくさん潜《くぐ》り抜けてきた人ならではの経験に裏打ちされた説得力のある言葉は、紛《まぎ》れもなく母だけのものだった。

　母が入院した後、北海道の実家を訪れた際、テーブルの上に置かれた書類の間に何枚もの書き損じの手紙を見つけたことがあった。パーキンソン病の症状で手が震えてしまうのか、文字は弱々しく震え、文章も全て途中で途絶えてしまっている。母は手紙を書くことが大好きで、喋《しゃべ》っている時のイメージとは全く違う繊細で美しい文字で綴《つづ》られる言葉も、思索的でありながら言葉遣いが丁寧だった。「ご無沙汰をしております、その後お元気でしょうか。私もなんとかやっております」で始まる誰かに宛てたその書き損じの手紙を目にした時には胸が締めつけられる思いがした。ヴィオラ奏者だった母にとって、次第に筋力が衰え楽器が触《さわ》れなくなるという現実は、想像以上に辛《つら》いことだっただろうと思う。

　近しい人が衰弱していく。当たり前の現象とはいえ、そうしたことを身をもって知ることができたのもまた、かけがえのない経験でもあった。記憶が曖昧になっていく母に最初の頃は「しっかりしてよ、何度同じこと繰り返せばいいの」などとついきつい言葉を返してしまっていたが、母はさぞかし辛くそれを受け止めていたのだと思う。でも、それからまもなく、私たちは記憶が曖昧になっていく母を咎《とが》めるような言葉を口にするのは一切やめることにした。人生には予定調和がないように、人間にも予定調和はない。自分が知る事物に対して恒常性を求めるのは怠惰《たいだ》のあらわれであり、私たちは想定外の出来事が発生してもそれを受け入れていく準備を常に胸の奥でしておくべきなのだ。

かつて人間の寿命が五十歳くらいだった頃、多くの人々は認知症になることもなく人生の幕を閉じていた。だが生活が豊かになり、医療も発達した現代において人間の生き方はどんどんバランスが崩れていっている。もしかするとこの先、十年や二十年後には百歳を超えても医者知らず、脳も劣化しないという人たちが増えていく可能性は大いにあるが、自分がそのうちの一人になれる自信はあまりない。だから今から夫と息子には、もし自分も認知症の症状が出てきたらさっさとどこかの介護施設にでも入れてくれと伝えてある。夫も息子もなんで今からそんなこと言うのと取り合ってくれないが、私はそれでいい。ただし、できればベレンにはそばにいてほしい。

そんなベレンももう十四歳だ。このまま長生きをすれば、彼女が認知症になってしまう可能性だって十分ある。昨今ではペットフードのクオリティが高くなったのと、やはり動物の医療が進んだのとで二十歳以上まで生きる猫が増えているという。そういえば実家にいたゴールデンレトリバーのピエラの享年は十九だった。獣医師によればギネス級の長生きだったそうだ。ただ、やはり人間と同じように猫も犬も認知症を患うと、介護もなかなか大変らしい。人間も含め生き物の長生きにはそうした代償が伴うことを私たちは普段からもっと考えておいたほうがいいだろう。

　人類の進化は一方で、自然の流れに抗うという歴史でもある。しかし生老病死、あるがままを受け入れ、自然の摂理に抗うことをやめれば、母のように優しい人生の終わりを迎えることができるはずだ。

イタリア家族との再会

コロナ禍を経て二年半ぶりにイタリアに帰国した二〇二二年六月、降り立ったヴェネチア空港では、抱擁を交わし、声を上げ再会を喜ぶ家族たちで溢《あふ》れていた。周りを見回してみると、マスクをしているのはアジア系の人たちだけだ。それもあって、二年半も離れていたにもかかわらず、時間の経過を感じさせるような感慨は全くない。留守をしていたのもほんの二、三週間程度の感覚でしかないのがとても不思議だった。迎えに来ていた夫のベッピーノの車で自宅のあるパドヴァの街に入っても、目に映る光景はコロナ前と何も変わらず、家に足を踏み入れてもほんの少しだけ留守にしていたに過ぎないような感覚しかなかった。

そもそもイタリアという国はどの街でも日本のように街の新陳代謝が激しくない。石造りの建造物は何世紀でも長持ちするし、ネオンや看板が滅多にないことも街の普遍性に大きく関わっているように思う。街を行く女性たちのファッションや髪型も日本ほど大きな変化を感じさせる印象はない。夫の実家へ行ってみても、玄関に出てきた義理の両親は二人とも最後に会った時と髪型から着ているものまで同じで、「バック・トゥ・ザ・フューチャー」感が半端《はんぱ》ない。変わっていたのは、義妹ピエラに二人の子供が生まれたことと、一緒に暮らしていたパートナーとは別れていたこと、それから年老いた親族のうち一人がコロナ、一人が白血病で亡くなっていたこと。そして、実家に居候《いそうろう》していた猫一家がいなくなってしまったこと。それでも、全体的な視点で捉えれば目に見えて時間の経過を感じさせるような衝撃はどこにもなかった。街の中に古代から中世、ルネサンスからバロック、そして近代のものが渾然一体《こんぜんいったい》となっているような国にとって、たかだか二年や三年という月日は取るに足らないものなのかもしれない。

　コロナの間、夫の荷物置き場になりつつあった私の部屋も、戻ってみるとわざとらしいほど綺麗に片付けられていて、長期の留守の痕跡はここにもなかった。三年前までは一ヶ月おきにこの部屋と東京の仕事場を足繁く往復していたわけだが、コロナの二年半、私は移動という日常習慣を抑制せざるを得なかった。

　イタリアであろうと日本であろうとどこの国であろうと、一ヶ所に長居しない、というのが私の生活におけるデフォルトだった。コロナ騒動がなければ、この二年半の間も頻繁にイタリアとの往き来を繰り返していただろう。長く日本にいたことで特別イタリアの何かが恋しい、と感じることはなかったが、会話や行動に省エネ気味な日本にいると私の燃費の悪さが浮いてしまうので、誰も彼もが出力オーバー気味なイタリアの仲間たちと会話を交わすことのできない物足りなさはあった。などということを口にしつつも、実際再び夕食会などに招かれると久々のおしゃべりの嵐に圧倒され、家に帰った後の疲労感が半端ない。私のメンタリティも二年半の間に以前と比べてかなり省エネ型になってしまったと思われる。

あえて再確認することでもないが、イタリア人はよく喋《しゃべ》る。男も女も年寄りも子供も皆よく喋る。イタリアで暮らしていると人間というのは実はこの地球上で最もうるさい生物であるということがよくわかる。感情の抑制が美徳とされる国の出でありながら、言語と行動による主張が弱ければ潰《つぶ》されかねない社会に移住したことによって様々な混乱をきたしてきたことは確かだが、利点もある。イタリア人は常にメンタル面での風通しがよくないと気持ちが悪くなるので、溜《た》め込んだストレスが発酵《はっこう》し、いっぺんに破裂するような事態は抑えられる。排出した分またすぐに別のストレスが発生するという難点もあるが、明らかに怒っているのに黙って我慢しているような人間には、ほぼ出会ったことがない。

家族と同居していようと独り身であろうと、今日は一日誰とも喋らなかった、という人は滅多にいないだろう。外へ出れば八百屋《やおや》のおじさんだろうと会社の清掃員だろうと「おはようございます」と一声かけることでいくらでも会話は発展する。ライブのようなメンタル浄化系のエンタメが日本ほど多くないという現象がそうした彼らの習性に繋がるのだろう。

親戚でも近くで暮らす友人でも、誰もがふらっと家に立ち寄り、時に一緒に食事をしたりしながら、二時間でも三時間でも話をすることで、自分の頭で考え脳を働かせメンタルを修練する。古代ギリシャではギムナシオンと呼ばれる運動場においてアスリートたちがトレーニングをする傍《かたわ》らで、哲学者たちが議論を交わしていたそうだが、それは彼らが、精神も肉体と同じように鍛《きた》えることで人間は己の本質的バランスを整えることができると考えていたからであり、その意識が未だに彼らの中に生き続けているのだろう。

イタリアで外食文化が日本ほど広く深く根付かないのは、仕事帰りにストレス発散のために同僚と外食をしたり、お酒の力を借りたりしないと本当の自分を解放できないといった必然性がそれほどないからだ。

イタリアの夫の実家では十名以上の人間が集まって食事をするという機会が月に何度かあるが、大きなテーブルに皆で行儀よく座ったところで、誰もが思っていることを喋り出すので自分が発している言葉さえ聞き取れなくなることはよくある。一人でも多くの人に自分の言葉を聞いてもらおうと自然と声のヴォリュームも大きくなるので、状況は一層凄まじいものになる。一度だけ、私が日本のゴキブリについて語っている時に、なぜかそこにいる全員が黙って私の言葉に耳を傾けたことがあった。もっと気の利いたネタを喋っていた時は誰も黙らないくせに、よりによってゴキブリという言葉には反応したわけだ。私は日本のゴキブリがイタリアのに比べて大きくて敏捷《びんしょう》なこと、そして時には空を大きな羽音を鳴らして飛んでいることを告げると皆一斉に驚き「ゴキブリって空を飛ぶの!?」と驚愕をあらわにしている。ああ、やっと皆とコミュニケーション的なものが成立したと安堵《あんど》するや否や、隣に座っていた姑《しゅうとめ》がいきなり「あたしね、アフリカのマリに行った時に、これくらいの（そう言って両手を一メートルくらい開き）サソリを見たのよ」と被《かぶ》せてきた。隙あらば会話に割り込んでくるのもイタリア式会話の特徴である。もちろん、悪気などない。「人の話は最後まで聞くこと」という礼儀は理解していても、言葉が先に飛び出してしまうのだろう。その数日後近所の喫茶店へ行くとそこの主人に「聞いたよ、日本には体長一メートルもある飛ぶサソリが生息してるんだってね、怖いねえ」と言葉をかけられて、しばし考え込んだ。そんなサソリがいたら川口浩探検隊が放っておかないだろう。つまり、イタリアでの大人数による被せ式会話で生まれる情報をそのまま信じてはいけないのである。

　久々のイタリア滞在中は、日本から持ってきた仕事をしつつ、私の不在中に夫の物置部屋と化していたであろう寝室と賞味期限切れになったまま何年も放置されていた日本の調味料が詰まった冷蔵庫の掃除をして過ごした。ベッピーノの飼い猫であるアタワルパはこれまでにないほど夫になつき、ベッピーノが仕事に行っている間は、ずっと彼の部屋で過ごし私のもとに現れることはなかった。これがおそらくオス猫であったら、私たちとの距離もこれほど開かなかっただろうと思うが、保守性の強いメス猫はなかなか難しい。

　ベッピーノは、ベレンは私によく似ていると言うが、私から見ればアタワルパもベッピーノによく似ている。ベレンよりもずっとシンプルで荒々しさの片鱗《へんりん》もない性格のいい猫なのだが、飼い主であるベッピーノにしか心を許していないところ、一見人なつこそうに見えるが実際は用心深いところなどそっくりだ。田舎の農場生まれの純朴素朴な田舎娘のアタワルパをベッピーノは扱いの難しい性質に育んでいた。ペットと主人が一対一で暮らしている場合、お互いが似てしまうという傾向はより一層強くなるのかもしれない。

二週間の滞在を終えて東京の仕事場に戻ってみるとベレンは相変わらず悠々自適《ゆうゆうじてき》に自分の城で寛《くつろ》いでいた。ベレンはもうどこからどう見ても日本で生きる日本の猫になっていた。そして私も、今ではベレンと同じく日本にすっかり嵌《はま》った生き方になっている。それでも私は日本にいてもイタリアにいてもここそが自分の終《つい》の住処《すみか》であるというような、安堵に包まれる感覚がなかなか得られない。だから、あなたの家はどこなのかと問われたら、ざっくり「地球です」と答えるのが一番気楽である。社会性の強い生き物である人間にとって最小の家族単位は夫婦であり、家族、親族、血族、地域、国家、と自らの属性を認知していくが、行き着くところは地球の大気圏であり、呼吸ができる場所であれば、深いことなど考えず、もうそれでいいと思ってしまうのである。

などと寛大かつ大仰なことを言っておきながら、イタリアから戻って家のドアを開けた瞬間迎えに出てきたベレンを見て、自分を待ってくれている存在のいる場所へ帰るという安堵と喜びをしっかり感じたのだった。

マンミズモは猫愛に置き換わる

数年前、和服を着た女性が歩いている写真に「ハーフの子を産みたい方に。」などというコピーの入ったポスターが物議を醸《かも》したことがあった。要するに、着物を着て外国人男性の心を鷲掴《わしづか》め、そしてハーフの子供を産もう！という啓発が込められているのだろうが、私もそれを見た時は呆れて言葉を失った。発想の自由と言ってしまえばそれまでだが、国際結婚というものの浅はかな捉えられ方と想像力の欠落に、げんなりしてしまった。異文化圏同士のものが家族という社会の単位を築くのは、そう簡単なことではないのである。愛があれば大丈夫、などと安直な言葉で片づけられるものではないのである。もちろん個人差はあるとは思う。細かいことを考えなければそれまでかもしれないが、少なくとも私にとっては全くもって生やさしいものではなかった。

私の国際結婚の顛末《てんまつ》については『モーレツ！　イタリア家族』ほか、何冊かのギャグ漫画という体《てい》で本になっていたりするが、ああいった家族漫画を描いた正直な動機は読者に読んでもらいたいという意図より、異文化の人間との婚姻がもたらすあらゆる想定外の現象やそれが要因となる困惑や苦悩を笑いで昇華してしまいたかったからだ。そんなのは別に大したことではないという塩梅《あんばい》で自分を労《ねぎら》いたかったからだ。

私は別にエキゾチックな世界や人間に対する妄想もなければ、西洋人に憧れがあったわけでもない。子供の頃から母に「結婚は何の解決にもならない、結婚するなら自分で自分を養える力を持ってからにしなさい」と言われ続けてきたこともあり、結婚願望もなかった。ただ、結婚というのは、自分が好きになった相手と一緒に新しい世界を構築していくもの、という思い込みはあった。結婚というものが、まさか、相手の家族への帰属と融合も意味していたとは、想像もしていなかった。そこは明らかに私の考察不足だった。特に姑《しゅうとめ》の次元を超えた子供愛というものをあらかじめしっかり考慮していたら、私は彼からのプロポーズをすぐに受けることはなかっただろう。

姑は、とてもいい人である。ちょっとせわしなくて、声が甲高《かんだか》くて、すぐにキレたりヒステリックになったり、私が留守の時は私のタンスの中の服を引っ張り出して試着したり、時に片手に携帯、時に片手にジェラートのコーンを持って猛スピードで運転をしたり、まあ、気になるところはいくつかあるけれど、全て私にとっては許容範囲内のことだった。しかし、息子と娘に対する彼女の愛情の放出度は、想定外だった。

イタリア語にマンミズモという言葉がある。マザーコンプレックスとか、溺愛しあう母と息子といった解釈になるようだが、実際はもっともっと奥が深い。大きく捉えるとイタリア社会における母親の絶大的な実権と、それに縋《すが》って生きる家族たちの関係ということになるだろうか。マンミズモはおそらく太古の昔からあったものだろう。古代世界において権力を握る男たちの背景に一筋縄では行かない頭脳と業《ごう》を持った母親がいるのは珍しいことではなかった。キリスト教における聖母マリアへの崇拝も、顕在化したマンミズモだと言っていい。マンミズモは相互依存なので、母親の愛情表現が強い分だけ、子供たちも同じように母親への愛情表現が強くなる。近所に暮らしていても電話での何気ないやりとりが日に五回や六回になるのは当たり前と言っていい。

実際の義母は長年教員をやっていたこともあり、漫画で描いているよりも、知的でスマートな人ではある。だが彼女のマンミズモが他と比べても突出しているのには、それなりに理由がある。

まず、結婚相手が「あんた、本当は日本人なんじゃないの⁉」と怒鳴り散らしたくなる義父の仕事への向き合い方だ。彼女の夫のアントニオはエンジニアだが、スウェーデンからやってきた専門家に正真正銘と言わせしめたアスペルガーで、放っておくと自分のラボラトリーで三日三晩寝ずに何かを調査したり、何かを工作したりしているような変わり者だ。つまり、女性のために朝から晩まで愛情表現を怠《おこた》らないという、既成概念的なイタリア男性像がこの人には全くない。よって、妻は極度の愛情表現枯渇状態に陥《おちい》り、生まれてきた子供二人への依存度が強くなっていった。この家をよく訪ねていた私の母の証言によると、姑は本当だったら夫と寝るはずのダブルベッドに寂しくなると子供たちを交代で呼んで一緒に寝ていたという。

　私がシリアでベッピーノと暮らしていた時は、私が日本に帰るその日にシリアにやってきていたし、ポルトガルに引っ越した時も、アメリカに引っ越した時も、その直後に速攻でやってきてしばらく滞在するというのが常だった。

　エジプトのイタリア大使館で挙げた結婚式の写真は、なぜか新郎新婦が被写体となっているものよりも、息子と母親が腕を組んだり、肩を並べて座ったりしているようなもののほうが圧倒的に多かった。カメラマンは地元のエジプト人だったが、彼の解釈では結婚式でメインとなるのは新郎新婦ではなく、マンマと息子ということになるらしい。写真の中に、仲良く並ぶ母と息子を離れたところからものすごい目つきで睨《にら》んでいる私が写っているものがあり、当日の私の深刻な心情が包み隠されることなく露呈していた。

とにかくどこにいようと何をしていようと息子への干渉を止められない母親とそんな母親を受け入れてしまう息子の関係を見続けていて、私はついにノイローゼのようになってしまった。夫は自分と母親の蜜月関係を自覚していないようで、何を言っても考え過ぎだといって取り合おうとしない。私は悩みつつも姑の態度を取るに足らないことと受け止める努力をし、やがて目の前で姑と息子がベタベタ腕を組んでいるのを見ても何も感じないくらい、諦観の境地に達することができるようになった。

ところが、そんなベッピーノと母親の関係に変化が生じた。義妹に子供が生まれてからというもの、それまでベッピーノに向けられていた義母の愛情はほぼ全て孫に吸い取られるようになっていった。口を開けば孫の自慢三昧《ざんまい》で、「ベッピーノの幼い頃みたいに聡明なのよ」と、一応ベッピーノを引き合いに出すものの、意識が向けられる対象が孫に移ったのは誰の目にも明らかだった。

急に母親の過剰な愛から解かれたベッピーノはしばしば情緒不安定に陥っていたようだが、コロナ禍で私は日本に足止めされていたため、彼の苦悩を目の当《ま》たりにしたわけではない。ただ、実家は気が滅入るので行きたくないという。妹と孫をあやす両親の醸す空間に自分が入り込める余地はなくなってしまった、と言うので「そもそも結婚をした時点であなたは新しい家族を構築したんだから、両親とは距離があって当たり前なんだ」と自分の意見を伝えると、「日本人の君にはわからない」と突き放されてしまった。

私の母は頑固者かつ恥ずかしがり屋なので滅多に人前で娘たちを褒《ほ》めたりかわいがったりすることはない。姑はそれを見て「あなたたち、おかしいわよ！」と指摘してきたこともあるが、私たち娘が母からの愛情不足を感じたことはないし、何はともあれ愛情の表し方は人それぞれなのだから、一方的に愛の表現方法をどれが良い悪いなどと断定することはできないはずだ。しかし、姑にそれを理解してもらうのはほぼ不可能なことだった。

数ヶ月前、突然ベッピーノから「イタリアのマンミズモはおかしい、イタリア人のおかしな部分は母親との相互依存が原因だ」などという発言があり、びっくりしたが、実家へ足繁く戻らなくなってからというもの、彼なりにあれこれ考えていくうちにそうした客観的な答えに到達したらしい。面白いことに、以前であれば姑から私にも「あんた仕事のやり過ぎで息子に悪影響を与えないでちょうだいよ！」などという忙しい私を牽制《けんせい》する内容の電話が頻繁にあったものだが、それもすっかり途絶えてしまった。イタリアでは、六十歳のおじさんが九十歳の母親に「マンマ、今日は帰りが遅くなるから心配しないでね」なんて電話をしているのを見ることもあるが、そう考えるとベッピーノはマンミズモの囲いの外へ一歩踏み出すことができて何よりだったと、日本人の私は思うのだった。

その代わり、最近ベッピーノからやたらとアタワルパの写メや動画が送られてくるようになった。「アタは自分にとってかけがえのないパートナーであり、アタがいなかったらとても生きていけない」のだそうだ。家族とのスタンスが変わった彼のそばにアタワルパという猫がいてくれてよかったとしみじみ思う。

イタリア家族の動物愛

　姑《しゅうとめ》は自分の子供や孫に対してこそ愛情の放出を惜しまないが、彼女が暮らしている北イタリアの家で飼育している動物たちは、皆極めて淡白な扱いを受けている。息子に言わせると「彼女は田舎育ちだから動物をペットとは捉えていない」ということだが、例えば猫を飼っても家の中に入れようとしない。外で生きるように徹するし、ご飯をあげすぎるとネズミを捕らなくなるからと言って、一日に一回しかキャットフードをあげようとしない。私がこの家を訪れた時に真っ先にやることは、姑の目を盗んで猫用の皿に両手で鷲掴《わしづか》みにしたキャットフードを満たすことだが、それもいつぞや発覚してしまい「猫を甘やかさないで！」と叱られた。この家の猫は入れ替わりのスパンが短く、私がベッピーノと結婚した時に住みついていた猫は行方不明となり、その後我々がシリアから連れてきた熟女猫モモとその子供七匹がやってくるが、モモの子供たちは一匹を残して里子にもらわれていき、モモもその娘もその二年後には亡くなってしまった。周囲には農家が点在しているので、おそらく殺鼠《さっそ》剤《ざい》を食べたネズミを食べて死んでしまったのではないかと言うので、もう猫は外に出さないでくださいと強く主張するも、結局猫は外で飼うものだという代々引き継ぐ習慣を変える意図はないようだった。姑と私とでは動物に対する基本的な考え方が確実に違うのがわかったので、もうよそから猫を里子としてもらってくるようなことはしなかったが、なぜか前述したように、猫のほうからこの家に住みつくというパターンが何度かあった。

どこからともなく大きなお腹を抱えて移り住んできたかと思うと、仔猫を産んだ後もしばらく家族で厄介《やっかい》になっていたキジトラの一家を、姑は今までになくかわいがっていた。名前はついていないが、時々禁断の家の中にこのキジトラが悠々と入ってきて、ソファで寝そべっているのを目撃したこともあった。特例もあるのかと問いただしてみると「子育てで疲れてるんだから、休ませてやるのよ」と姑はいつになく寛大だった。

猫の他に小型犬も二匹飼っているが、彼らも家の中には滅多に入れてもらえず、エンジニアの義父が木材でこしらえた立派な小屋を拠点に暮らしている。

今はもういなくなってしまったが、かつては裏の広い敷地に百羽ものニワトリも飼っていたし、義父が渾身の力を注いで作った二〇メートル×五メートルの細長い池には大量の鮒《ふな》と五十羽ほどの鴨《かも》が飼育されていた。ニワトリは義父が作った立派な小屋に張り巡らされていた網《あみ》を皆で力を合わせて食いちぎり、広い範囲にそれぞれ散らばって自由に暮らしていたが、ある夏の日、義父の友人であるアンジェロ（天使）という名の巨漢のおっさんに一斉に捕まえられ、あっという間に鶏肉になってしまった。

　またそれからしばらく経ったある秋の日には、池の鴨が一羽も見当たらないのでどうしたのかと義父に聞いてみると「全員、飛んで行ってしまったんだ」と悲しげな目を空に向けている。意味がわからず言葉を返せないでいると、義父は静かな声色《こわいろ》で補足した。「ある日、この上空をＶの字に並んだ野生の鴨たちが山のほうへ飛んでいくのを見て、皆それに釣られて一斉に飛んで行ってしまったのだよ」。そんなことがあるのかと思うが、どうやら本当のことらしい。ちなみにその数日後、義父が友人たちとドロミテ山塊《さんかい》にトレッキングに出かけたら、山の沼にたくさん鴨がいたので、試しに呼んでみたら皆自分を振り返ったのだそうだ。「あれはうちの鴨だよ、きっと」とのことだったが、そこにいた夫も息子もノーリアクションだった。息子はその夜「鴨は自分たちの命を自分たちで守ったんだね、よかったね」と少し嬉しそうな表情だった。

　彼らに動物愛がないわけではない。ただ、彼らにとっての動物は家畜であり、自分たちと同じ立ち位置にあるべき存在ではないらしい。要するに、ペットというわけではないのだ。もちろんイタリア人でももっと温かい保護下で育てている人はたくさんいるし、むしろ夫の実家のような家が未だにあることのほうが不思議な時代になってきてはいる。それでも実家の犬たちは未だに家の中に入れてもらえず、姑にとっての動物への思いは、私の母リョウコが見せていたような、野生のタヌキとの共生を求めるようなシンパシーとは明らかにベクトルが違う。これもまた大陸という土壌で生き抜いてきた西洋人と、森羅万象に神が宿る神道に仏教的思想が介在した日本人との動物に対する意識の差異を感じさせるファクターだと言える。

役割や〝らしさ〟から遠く離れて

ベッピーノとデルスは十四歳の歳の差だが、法的な立場では父と子という関係になる。しかし、ベッピーノには自分がデルスの父親という意識はないし、デルスにもベッピーノを父親と捉えている様子は皆無だ。むしろ、この二人が一緒にいるとデルスの佇《たたず》まいのほうがずっと落ち着いていて貫禄があり、三人で一緒に旅行へ行くと私とデルスが夫婦でベッピーノが海外からやってきた友人、と解釈されたりすることもある。

ベッピーノも、デルスが自分よりも苦労の経験値が高く、忍耐力が鍛《きた》えられてきていることも知っている。だから時々デルスに悩みを聞いてもらったりしているらしい。デルスから助言をもらうことをベッピーノは「Dersismo（デルシズモ）」と称している。「今日はこれからデルシズモを聞かなきゃいけないんだ」と言って電話の会話をそそくさと切り上げることもある。

結婚した頃、ベッピーノはまだ大学生で、六歳だったデルスとレゴブロックで一緒になって遊び、父親の血を引いて数学が得意ということもあり、ポルトガルやアメリカではデルスの家庭教師のような役割を担っていたが、今では完全に立場が逆転している。

電話が終わるなりデルスは私に「なんだかどうでもいいことで悩んでたよ」と報告してきたりするが、「悩みを打ち明けられている」という感覚はデルス本人にはないような様子だった。こうしたやりとりを目にすると、私たちは「家族」という形式を取ってはいるものの、個々の生き方を尊重し合う、人間同士の共同体であるということを再認識させられる。

とはいえ、ひと言に「共同体」と言っても結婚してから二十年以上が過ぎ、私たちにはそれぞれの特異性を生かすために、家族という括《くく》りに縛られるよりは、自分たちにふさわしい土地で自分たちのやりがいのあることをして生きていこうという意識がいつの間にか確立していた。結婚当初、ベッピーノには「自分がきちんとしないとこの子は育たない」という気負いがあり、「父親になろう」と気を張っていた時期もあったが、頑張り過ぎて的を外してしまうことも多々あり、私としては早くその気負いから解かれてくれないだろうか、という心持ちで見守っていたところがある。

デルスはデルスで、ベッピーノは生物学上の父親ではないが、懸命に父親になろうとはしている人だということはよくわかっていて、リスボンで暮らしていた小学生の頃、私がベッピーノと大喧嘩をし、部屋やトイレに引きこもっていると、「ママ、あいつだって若いながらに頑張っているんだから、ちょっとくらいムカついても大目に見てあげなよ」と夫を庇《かば》うこともあった。

年齢の隔たりはさほど感じていないものの、急に「家族になりたい」と言ってきた男性を父とし、自分の意志とは関係なく世界中を目まぐるしく移動し続けるという不条理を生きてきたデルスの気持ちを推し量ることはできないが、ここに至るまでの経験値が彼の心の成長に繋がっているのは確かだろう。

ベッピーノの比較文学研究の都合で転々と世界を渡り歩く中、デルスは自分の意志とは関係なく世界転校を繰り返し、しかもインターナショナルスクールではなく地元の学校に通わされ、ポルトガル語に悪戦苦闘しながら大航海時代のマゼランやヴァスコ・ダ・ガマやインド航路を頭に叩き込んだかと思えば、数年後にはシカゴで南北戦争やリンカーンを覚えさせられるという、非道な展開にも対応せざるを得なかった。シカゴでは「頼むから、もういい加減に世界引っ越しはやめてほしいんだけど」と真顔で訴えられたこともある。今となってみればデルス自身世界を転々としてきたことはいい経験だったなどと言ってはいるが、実際彼が対峙《たいじ》してきた苦労は私の想像力で賄《まかな》えるものではない。

京都大学に一年間交換留学をしていた際に漫画研究会に所属していたデルスは今、時々私の漫画の背景を描く手伝いをしているが、今回のイタリア滞在中に二人で部屋に籠《こも》り共同作業をしていても、ベッピーノはかつてのように、私から時間と体力を奪う漫画に対しての嫌悪感をあらわにするわけでもなく「終わったら教えてね」と、潔《いさぎよ》くその場を立ち去っていた。それどころか、最近ネトフリでアニメになった「テルマエ・ロマエ」の全話を見てやたらと褒《ほ》めていたし、『プリニウス』のフランス語版を読んで「素晴らしい漫画だから学校の生徒にも宣伝する」などと絶賛しているのを見て、以前よりずっと寛大になったベッピーノを実感した。

『テルマエ・ロマエ』が最もヒットして私の漫画連載がいっぺんに四本も五本もあった頃、ベッピーノはそれまでの穏やかな暮らしが一転してしまったことに憤慨し、家でお互い顔を突き合わせれば「家庭と仕事、どちらが大切なのか」といった類《たぐい》の言い争いに発展することも少なくなかった。「家庭はもちろん大切だが、漫画をやめるわけにはいかない」が、私の答えであり、喧嘩を避けるためにベッピーノが起きる前の、朝四時から七時までと、彼の留守中、そして深夜が私の作業時間となった。デルスと私がシカゴに渡るまで一人暮らしをしていたベッピーノは、大学の研究室に住みついた大きな蜘蛛《くも》に「パオロ」と名づけてかわいがっていたくらいだから、家族と離れていたことに加え、私を取り巻く環境が様変わりしていることを実感することもできず、彼なりに寂しい気持ちはあったのかもしれない、と今は思う。

私は、自分のことをワーカホリックであるとは思っていないが、モノ作りに関しては、とことん極めたくなってしまう職人気質《かたぎ》なところがあるのは自覚している。想像力も行動力も過剰なほど旺盛で、様々な好奇心が芽生えてきてはその見聞を深めるために奔走してしまう。子供の頃のあだ名は馬子《うまこ》だった。「マリのそばにいると自分が怠《なま》け者に思えて仕方がない」といったことはどこの国へ行っても言われたし、「マリが働きすぎるせいで、ベッピーノがマリに比べて自分の努力は全然足りないと悩んでいる。頼むから働かないでくれ」と、息子を溺愛する義母からクレームが入ることもあった。とはいえ、これはたとえるならば、回遊魚のマグロにナマコになれ、と強《し》いるようなもので一時的に仕事の量を抑制したところで私の気質が変わるわけではない。今思い起こしても、なんとも厳しい日々だった。

だが、コロナ禍という別離期間を経てベッピーノは自分の充実感を自らプロデュースできるようになったようだ。家族のあり方や私やデルスに「こうあるべき」という押しつけをやめたことでかなり気持ちが解放されたのだろう。そう考えると、世界の人々に予定調和の脆《もろ》さを知らしめたコロナパンデミックは、私たち家族には一つの進展をもたらしたと言える。過度に干渉し合うことのない関係は、どこか清々《すがすが》しく、前向きなエネルギーをもたらす。

とはいえ、まあ同じことの繰り返しになるが、私もベッピーノも夫婦でありながらこうした別居を続けていられるのは、ひとえにそれぞれに猫というかけがえのない相棒がいるからだと思う。デルスですら、時々猫不足だと言って私の家に来てはベレンを撫《な》でていく。どこかの動画でゴリラが仔猫を愛おしげに抱いて撫でているのを見たが、猫とはそういう生き物なのだ。孤独と向き合って生きていく必然性を感じていながらも、それがうまくいかない人間を付かず離れずの位置からそっとサポートしてくれる、ありがたい存在であることは間違いない。

自分だけの場所

仕事場の近くにあるカフェで、時々PCで作業をしているデルスを見かけることがある。

家が近いので息子を近所で見かけるのは当たり前のことだし、見かけてもそのまま素通りするのだが、それを友人に言うと「ええっ、一声かけてあげればいいのに！」などと返される。デルスも時々私がガラス越しに通り過ぎるのを見ることがあるそうだが、そのままやり過ごしているということだった。親子だからと目で合図をしたり手をあげたりするなどという仕草は私には恥ずかしくてできないし、デルスもそんなふうにされるのは嫌だろう。

一方で、二十代後半になっても私と二人で旅をしているデルスに対し、彼の友人たちからは「よく親と旅行になんて出かける気になるね」と驚かれるらしい。実際、デルスを伴って温泉などへ行くと、大概夫婦に見られる。「これ息子なんですけど」と勘違いを訂正すると「なんて仲良しなんですか！」と大仰なリアクションをされるところを見ると、日本では大人になった息子と母親が二人で旅行をするのは珍しいことらしい。イタリアの友人たちはよく年老いた母親と息子が二人旅行をしたりしているが、日本では親離れも子離れもできていない親子だと思われるようだ。まあ、勝手にどうとでも思えばいい。息子も友人たちには「気兼ねなく旅ができる相手だから一緒に行くだけだ」と答えているそうだが、私にとっても全く同じである。旅の連れというのは、親族であろうと友人であろうと恋人であろうと、気兼ねしない、好き勝手に振る舞えるというのが絶対条件なのだ。

　デルスはシカゴの高校で写真部に入ってからずっと写真を撮り続けているが、ハワイ大学を卒業し、コロナ禍で日本に住みついてしまってからも時々ふらりと地方に撮影に出かけていく。

　たとえば京都の嵐山《あらしやま》で撮影したものの中にあった、小さな観光船にぎゅうぎゅうに詰め込まれた初老の人々を独特のアングルで切り取ったものなど、選ぶ被写体がなかなか味わい深い。ふとした瞬間に垣間《かいま》見える人間社会の面白さや可笑《おか》しみが風刺絵のように封じ込められているのを見ると、デルスは人間にカメラを向ける時、昆虫や犬や猫に対してと同じように、ただかわいいだけではなく、綺麗なだけではない、ありのままの生命を捉えようとしているのがよくわかる。彼の中にも、私と同じような社会や人間への観察眼が養われているようだ。動物写真にしても、私にかわいいアザラシの赤ちゃんの写真と、報道カメラマンが撮影した、北国の厳しい自然の中で生きる、野性が剝《む》き出しになったアザラシの写真の二枚を見せて、自分は圧倒的に後者の写真に惹かれるなどという話をする。被写体への意識は私が肖像画を描くのと同一の方向性なのが面白い。やはり私の描いてきた絵や漫画が少なからず彼に影響を与えているのだろうか。

　デルスの美意識はなかなか厳しいものがある。例えば、彼が好きな顔というのは一般的なイケメンと称されるシンメトリーなものでもなければ、お目目ぱっちりの透明感のあるような女性でもない。「標準的な美人や美男に興味がないのはどうしてなのか」と尋ねると、どこの誰が見ても綺麗というのは彼にとって安直なポピュリズムであり、何層もの感情のレイヤーが重ねられたかのような、一見しただけでは全ての情報が読み取れない顔こそが美しいのだという。「人間は怠惰《たいだ》だから、なんでもわかりやすいものが好きなんだよ。顔も同じ。偏差値の高いものは受けつけないようにできている」などと鋭いことを言っていた。

そういえば、だいぶ前にとある広告代理店の人がＣＭもテレビ番組も今の世の中では偏差値を三五くらいの設定内容にしないと受け入れられないのだと言っていたことがあった。高尚で難しいものはてきめんに排除されてしまうという。私が子供の頃は様々なメタファーを駆使したハイスペックな内容のＣＭが多かったように記憶しているが、今ではその手のＣＭは受け入れてもらえないのだそうだ。

確かに、古代ローマ時代やルネサンス期など爛熟《らんじゅく》した文明期には、彫像や肖像画は皆写実性が高い上、被写体の特徴をしっかりと捉えた、人間としての情報量の多い作品がたくさん作られていたが、文明が衰退し始めるとそこで求められるのは様式化された記号のような被写体になっていく。大きな目を見開き同じ角度で正面を向いている聖母子のイコンなどはその具体的な例と言えるかもしれない。そして、現代もまたその兆候が強まってきているということだろうか。情報量の豊かさを感じさせる人間としてのありのままの顔は優遇されず、想像力の稼働を必要としない、どこの誰とでも共有しやすいシンプルな情報で象《かたど》られた顔が美しい、ということになっているのは確かだ。

デルスはベレンを撮影する時ですら、かわいい顔よりも思慮深げにしている表情を選ぼうとする。おそらくファッションカメラマンやグラビアカメラマンとしての働き口は望めないだろう。でも、そんな性格だから、私とは気が合うのだろう。

　今はワンルームのマンションに暮らしているが、時々猛烈な動物ロスに見舞われるのだと言っていた。考えてみたらデルスが生まれた時のフィレンツェの家にはイタリアでの初代アロの伴侶《はんりょ》であるモモとその娘のプーチ、そしてプーチの産んだ三匹の猫が一緒だった。赤ちゃんのデルスの傍《かたわ》らに猫が座っている写真も残っている。その後いったん日本に暮らすことに決め、とりあえず身を寄せた母の家には、その頃アキとベラという親子猫が暮らしていた。アキは息子で、ベラはお母さん。ベラは今思い出してもかなりの美猫《びねこ》だった。母が懇意にしていた札幌在住のアメリカ人夫婦がアメリカに戻る時に引き取ったのだという。

　母の家を離れて私との母子生活が始まった時には、ゴールデンレトリバーの赤ちゃんがやってきた。当時の私の仕事は漫画家のほかに大学の講師とテレビのリポーターだったが、テレビの撮影で訪れたペットショップで見かけた、ケージの中の一匹だけ寂しそうな表情をしたその仔犬を引き取ったのだ。デルスはその仔犬をピエラと名づけてかわいがった。ピエラは私たちがシリアに移住した後は母の元で暮らし、十九歳まで生きて大往生する。

シリアに移動してからも、ポルトガルで暮らすようになってからも、シカゴへ行っても、これまで綴《つづ》ってきたように、私たちの家族には常に猫が寄り添い続けてきた。

こうして常に犬や猫たちと過ごしてきたデルスは、大学進学のため一人ハワイに渡った時は完全に〝猫ロス〟に陥《おちい》っていた。ハワイには野良猫自体が少ないため、なかなか猫と触れ合うことができず「ああ、猫を飼いたい」は、ハワイ時代のデルスの口癖だった。ハワイでは学生とのシェアハウスにいたため、当然動物を飼うことはできない。「小動物でも飼ったら？　たとえばカブトエビとか」と勧めてみたが、カブトエビではダメだという。小学生の頃にカブトエビ飼育キットというのを買ってもらって、嬉々として小さなプランクトンのような生き物を毎日眺めていたが、ある日家に遊びにきた小さな子供に水槽の中身を床にぶちまけられて皆死んでしまった、その苦い記憶が未だに残っているらしい。「焦らずに、そのうち動物を飼える広さの家に越したら猫と暮らしたい」と言っているが、今はとりあえずポルトガルからシカゴまでデルスの苦悩時代を支えたベレンが間近にいるので、よほど猫ロスになった時には家にやってくる。我が家は要するに、全員猫依存に陥っている。

ハワイよいとこ

コロナ禍の影響で、それまで時間さえあればどこかへ移動してばかりいた私は東京に留まり続けたが、何かのインタビューで「コロナ禍が明けたらまずどこへ行きたいですか」と質問され、返答に迷ってしまった。「やはりご主人のいるイタリアですよね」とインタビュアーの先入観に引き込まれそうになった瞬間、ふと頭に思い浮かんだ景色はハワイだった。「ハワイです」と私が答えると、オンライン画面の向こうでインタビュアーが意外そうな表情のまま固まっている。

数年前まで、最も関心の薄い海外がハワイだった。ハワイといえば芸能人が皆こぞってバカンスに行く場所であり、ワイキキビーチには日本人観光客が溢《あふ》れ、高級ホテルのロビーではレイをぶら下げた新郎新婦がカメラの前でポーズを取っている。それが私の思い描いていたハワイのイメージだった。南国へ行きたいのであれば、わざわざメラネシアかポリネシアなど何度も飛行機を乗り継がなければ到着できないような不便な孤島を選び、極力メジャーな観光地は選ばない。ハワイはまさに、私にとってメジャー中のメジャーな観光地であり、生きている間に訪れることはないと決めつけていた。

ところが、シカゴでの高校の最終学年時、願書を出した大学数校のうち一番最後に合格通知の届いたハワイ大学をベッピーノと見に行ったデルスは、すっかりこの島に魅了されていた。私と同様、ハワイに興味がなかったはずの夫のベッピーノも一度訪れただけで人が変わったかのように「ハワイはまさに楽園だよ、君もきっと気に入るよ」などと連呼するようになっていた。デルスはすでに合格し、入学金も振り込み寮に入る準備まで進めていた某工科大学の入学を急遽《きゅうきょ》取り消し、ハワイ大学へ進むことを決めた。知り合いの大学教授が大学のクオリティも大事だが、どんな環境で学ぶかが実は一番重要かもしれない、と言っていたことがあったが、デルスはまさに過ごしやすい環境を優先に進学先を選んだことになる。シカゴという真冬は零下三〇度にもなる、しかもダウンタウンのコンクリートジャングルの中で過ごしたデルスにとって、ハワイが魅力的でないわけがなかった。

しかし、ハワイに対して強固な先入観のあった私がホノルル行きの飛行機に乗るまでは、かなりの時間を要した。もともとハワイに幼馴染《おさななじみ》が暮らしていた母が、デルスの様子を見がてらハワイに行きたいと言い出したことで、私も重たい腰をあげる気持ちになったのだ。だが、今も目を閉じればハワイの空港に降り立った時に、最初に肌を撫《な》でた、暖かくも爽やかな心地のよい空気が一瞬にして蘇ってくる。世界のどこを訪れても、初めて空港に降り立った時に目に映った景色や風の匂いは鮮烈に残る。そんな中で、ハワイの空気にどこよりも心地のよさを感じたのは、その一瞬で自分の軽率な先入観を吹き飛ばすような暖かく柔らかい風の効果があったからかもしれない。

　それ以来、息子が卒業するまでの間、私は何度となくハワイへ通った。あんなにハワイを毛嫌いしていた人間とは思えぬハワイリピーターと化してしまった理由はいろいろあるが、ハワイは私にとって温泉に浸かっているような解放感と安堵《あんど》を与えてくれる土地だからだった。「ハワイは温泉みたいなもんです」と人に言うと笑われつつも「わかる……」という同調の言葉が返ってくる。人混みが死ぬほど嫌いな私であっても、ワイキキビーチを散策するのは苦にならない。なぜならそこにいる全ての人が、皆温泉施設に来ているようなリラックスオーラを放っているからだろう。

　これだけ足繁くハワイへ行っている私だが、なんと一度たりとも海に入ったことがない。南国ではどこであろうと海に潜《もぐ》らねば気のすまない私だが、ハワイはそうした自然観察欲を焚《た》きつける場所ではないからだ。ハワイへはたいてい大量の仕事を持参して行くが、海の見えるバルコニー付きのコンドミニアムを予約して、開放した窓から吹き込む海風を感じながらであればいくらでも作業は捗《はかど》った。ちょっと疲れればその辺に散策へ行くだけで、すぐにエネルギーはチャージされた。

　コンドミニアムのそばにある公園を歩いていると、時々全長一〇センチ程度の本当に小さな小鳥の群れを見かけることがある。オナガカエデチョウという名称の小鳥だが、顔がちょっと赤くて、「かわいらしい」という形容詞だけでできているような小鳥だ。ＡＢＣストアにスパムおにぎりを買いに行く途中、思わず立ち止まって草むらで餌《えさ》を啄《ついば》む彼らに見入っていると、私の背後から「オウ……」という低音の妙な声がした。振り返ってみると、まるでプロレスラーのようなマッチョな体軀《たいく》に腕には威圧感バッチリのスカル柄のタトゥーを刻んだ男性が、頬をほんのりピンクに染め、優しく握りしめたでかい両手を口元に添えた格好で小鳥を見つめている。「ワーオ……」「オー……マイ……ゴー」とひとしきりソフトな感嘆符を漏《も》らし続け、私と目が合うなり「ねえ、なんてかわいいの、この小鳥たち！」と一言。小鳥もかわいいが、男性のリアクションも十分「So cute」だった。そうか、ハワイは人間から余計な邪念を払拭《ふっしょく》し、良質の感情を湧き起こさせてくれる土地なんだ、ということにその時はっきりと気がついた。だから私に言わせてみればハワイは温泉地と同質の空気感なのだ。旅というものの意味は、こうした新たな価値観やそれまで経験したことのない多様な感性を育むところにもある。地球という惑星を全身全霊で体感するところにある。

　コロナ以前はイタリアの自宅と仕事場のある日本を往き来する生活が当たり前となっていたし、エネルギーの枯渇を感じるとイタリアではなくても、どこかへ出かけるというルーティンを長い間繰り返して生きていた。それまでは移動によって得られる価値観の変化を必須の栄養素としていたが、コロナ禍で移動が制限されるようになると、視野が狭窄的《きょうさくてき》になったり、既成概念に縛られてもそれに気がつかなくなったりするのではないかという危機感を覚えたのも確かだ。しかし、移動を制限され二年が経った頃、そうした焦りは次第に影を潜《ひそ》め「ひょっとすると、これまでは場所を変えることで、自分に都合が悪いことや関心がないことと向き合わないようにしてきたのではないか」と考えるようにもなった。イタリアにいても日本にいても一ヶ月くらいのスパンで移動をすれば、居心地の悪さや面倒な問題と対峙《たいじ》せずに済む。自分の日本人的アイデンティティの強固さも移動を制限されなければ気づかなかったことの一つだろう。

「日本を訪れるたび、日本人がイタリア人のように過剰に家族に依存することなく「他者」との関係を大切にしていることに素晴らしさを感じる」と口にするベッピーノに今は深く同意しているし、家族よりも、周囲との調和というものが島国である日本にとってはふさわしい社会的重要性であることも見えてきた。民主主義という体《てい》は取っていても、世間という目に見えない戒律やそこで生まれる倫理を意識して生きていかねばならない社会であることもよくわかってきた。だからこそ、街中で失くした財布が戻ってくるのも、利己に固執せず、社会としての結合を脆弱にさせないための意識の表れなのかとも思えてくる。パンデミックという特殊事情が展開する中で、同じ問題に向き合う世界中の国々の対応を見ていると、人間の生き方の価値観や倫理観を共有するのが困難であること、そしてそれぞれの国家を作り上げているその軸には地質学的条件やそれに伴う歴史がしっかり食い込んでいて、結局、この地球で人類が生き延びていくためには、人間社会は多様性を受け入れるしかないということを考えさせられた。

　何はともあれ、移動をしようがすまいが、人間はパスカルのいうところの〝考える葦《あし》〟として、考えることを放置してはいけないということだ。ハワイは確かに楽園だが、今は紛争によって廃墟と化してしまったシリアの様々な街を思い出しても、また私が今拠点にしている東京にしても、地球という惑星に生まれた喜びを感じさせてくれる要素はどこにでもある。多摩川沿いを散歩しながら太陽の日を浴びていると、それだけで「死ぬのはわかっているけど生まれてきてよかった」と感じることは多々ある。道端に生えている草木や、小さな虫たちを見ていても、いつかは命の終わりを迎えるが、死が前提であっても生きているからこそこうした瞬間に立ち会えたのだ、と思うとシンプルかつ穏やかな喜びに包まれる。ベレンを引き取った時の心の覚悟も含め、こんなことを感じたり考えたりするのもホモ・サピエンスの特権なのだ。

空を見上げれば、全てが繋がっている。どこが居心地がいいか、悪いかの問題ではない。地球自体がやはりとてつもなく面白い惑星だということなのだ。

人間の社会と距離を置く

以前暮らしていたシリアでは、時間があれば車を借りて国内を縦横無尽に探索しまくっていたが、その数年後、ニュース番組などで紛争によってぼろぼろに破壊されてしまった見覚えのある地域の光景を見ていると、不思議なことに実際自分がその場にいて殺されそうになったわけでもないのに、妙な恐怖心が込み上げてくる。あの場で日常を過ごしていた市井《しせい》の人々は生き延びたのか。そして地域の人々にかわいがられていた猫や一生懸命に働いていたロバたちといった、ごく当たり前に街角で出会えた動物たちは皆どうなってしまったのか、想像し始めるとやり場のない不安と喪失感でいっぱいになってしまう。

かつてシリア北部の古都アレッポを散策している途中、目の前で自らの五倍はある大きくて重たそうな荷物を背負って歩いていた白いロバが、急に倒れてしまうという現場を目の当《ま》たりにした。ロバは古代から連綿と人間の経済活動や生活を支え続けてきた重要な生き物として散々酷使されてきたわけだが、今でもなお、経済途上国に行けばロバは車やトラックの代わりとなって人間の暮らしを支えている。

我々の目の前で倒れた白いロバはびくともせず、しかも普通の公道を歩いていたために、後ろでは前に進めない車で大渋滞が発生していた。動かないロバをこれでもかというくらい鞭《むち》打つ主人を見かねた数人の通行人が、ロバのそばに寄って何やら話し込んでいる。アラビア語のわかるベッピーノもそこへ近寄って交わされている話に耳を傾けたところ、ロバはもう息をしていないとのことだった。人間のためにその命を荷物の運搬で使い果たし、死んでしまってもなお主人に鞭で打たれるという光景を見ていると、人間という横柄《おうへい》な生き物には腹が立ってくるが、寂しさ防止のために常に猫や犬という生き物に依存し続けている私も、ロバの主人とそう変わらないのではないか、という疑念がどんよりと胸を満たした。

「ロバと猫は違うよ」と夫に言われても、自分たちのより良い生活のためにそばにいてもらうという大きな括《くく》りで見ればたいして変わりはない。

いったんその場を離れ、二時間後くらいに現場へ戻ってみると、驚いたことに白いロバは道端にそのまま放置されていた。荷物は別の手段で目的地に運ばれて行ったのだろう、綱や装飾類も全て取り去られ、身一つで転がされていた。後で主人がロバの亡骸《なきがら》を引き取りにきてくれることを願う傍《かたわ》ら、かつてシリア砂漠の道を車で進んでいたら、路傍に腐敗した馬が捨てられていたのを見たことを思い出し、不穏な気持ちになった。シリアは古代から大きな文明を築き上げてきた国であるはずなのに、未だに人間の行動というのは〝サピエンス＝知恵〟を備えているわりには野蛮じみている。「他者をどれくらい慮《おもんぱか》れるか、それが人間であろうと動物であろうと、つまり利他性こそが人間という生体の成熟を意味するんじゃないだろうか」と、ロバの亡骸を見ながら呟《つぶや》いたベッピーノの一言は今も記憶に焼きついている。

　ふと自分の人生を通り過ぎていったたくさんの動物たちを思い出すことがある。これまでに私は一体何匹の猫や犬や小鳥といった動物たちと接してきたのだろう。ベランダから落ちて死んでしまったゴルム、フィレンツェの動物保護団体から連れてきたアロや新妻のモモ、プーチをはじめとする子供たち。北海道で一緒に暮らした〝牛猫〟のバロン。道端で見つけた仔スズメやどこからか入り込んできたエゾリス。母が拾ってきた何匹かの犬たちに、デルスと兄弟さながらだったゴールデンレトリバーのピエラ。シリアの家の裏庭でいつもご飯をせびりにきていたミーコと名づけた長毛のハチワレ猫。姑《しゆうとめ》の家で姿を消すか亡くなっていった歴代の猫や犬たち。皆、寂しがり屋だった私のそばにいて、元気と優しさを供給してくれた動物たちだったが、自己を特別な存在として強く主張するわけでもなく、私の傍らに寄り添い、そして私の前から姿を消していった。

時々、人間のほうが弱い立場の場所へ行かねばと思い立つことがある。かつてブラジルのアマゾン川流域に数日滞在し、夜はライトトラップを張ってそこに集まる昆虫を眺めて過ごしたことがあった。昼間は施設のアトラクションに便乗してアマゾン川クルーズなどに出かけるわけだが、ガイドさんがここらあたりであれば平気ですよ、と言うので茶色く濁った川に入って泳いだことがある。ピラニアは大丈夫かと尋ねたら、あんたが怪我をしてなけりゃ大丈夫でしょう、と微笑まれ、急に怖くなって水から上がってしまった。子供の頃、私の大好きだったテレビ番組の水曜スペシャル「川口浩探検隊」で見たピラニアの凶暴性を思い出したからだ。実際その撮影で川口隊長は指を食いちぎられる寸前の大怪我を負った。それはヤラセではなく本当のアクシデントだったという。

世の中には自然を淘汰《とうた》しようと試みる人間もいれば、自然と一体化することを選ぶアマゾンの先住民のような人々もいる。彼らから学ぶべきことは多そうだと思って、先住民の集落を訪ねてみるも、皆が着用している民族衣装は観光客へのサービスで、今から二十年も前なのに、すでに携帯電話を片手におしゃべりに興じる人たちすらいた。人間というのは結局便宜性には抗《あらが》えない生物なのである。ちょっと幻滅しつつも、地元の人が作ったというピラニアの剝製をお土産に購入し、自宅に戻ってから書棚に飾っていると、訪れた人がそれを見て「マリさんって魚の干物飾るんですか」などと問いただした。それでも私にとってピラニアの剝製は、アマゾンという人間には敵《かな》わない圧倒的なパワーを秘めた川に生息する、崇高な生物の象徴なのだった。

　数年前には、タイ北部チェンセーンにある象が放し飼いになっているエレファントキャンプを訪れて、二頭の象と一緒に散歩をしたことがあった。そのキャンプで保護されている象の出自はそれぞれだが、私が一緒に歩いた二頭のうち一頭は十八歳、もう一頭は三十八歳のメスだった。象の寿命は人間と大体同じくらいなので、二十歳《はたち》前のティーンエイジャーとアラフォーの仲良し女子ということになる。十八歳のほうが活発なので、アラフォーはいつも彼女の後ろを「ちょっとまってよ、ねぇ」と息せき切るように追いかけている。ラオスとタイとミャンマーの国境となるメコン川の支流の中へどんどん入って行ってしまう十八歳の後にアラフォーも続き、二頭で泥だらけになって遊んでいた。

　散歩には地元の象使いの人が同行していたが、私が象を怖がらないのと、象もまんざらでもなさそうなので、近寄りすぎない距離から見ていてくれるだけだったのもよかった。象は鼻を伸ばし、新参者の頭と背中を撫《な》で、長いまつ毛に縁取《ふちど》られた目でじっと私を見つめた。三十八歳の彼女は長い間バンコックの街中で見せ物としてこき使われていたところを保護されたのだそうだ。さぞかし人間に対して不信感を募らせてきたはずだ。古代ローマの博物学者であるプリニウスは象ほど利口な動物はいないと著作に記していたが、思慮深い目の向こう側で何を考えているのか、私は「どうか嫌われませんように」という思いと、生き物としての崇高さを崇《あが》めるように彼女を見つめ返した。象は終始穏やかだった。彼女の耳の裏にそっと手を伸ばして触れてみるとその硬い表皮から想像もできないような温かさに包まれた。歩きながら、いろいろごめんね、となんとなく呟いてしまう。十八歳がどんどん先に行ってしまっても、三十八歳はそのまま私と歩調を合わせて歩いてくれたのがとても嬉しかった。

小さくて大きな存在

ベレンには、いくつかお気に入りのものがある。チベットのラサを訪れた際に骨董屋《こっとうや》で買って担いで持ってきたヤクの毛の絨毯《じゅうたん》と、柄《え》の長い猫じゃらし、そしてシリア産のオリーブ石鹸《せっけん》だ。猫はなぜかオリーブが好きなようで、シリアの住まいの裏庭にいた猫はオリーブを与えると喜んで食べていた。さすが地中海文明において古代から子々孫々繁栄してきた猫たちである。ベレンはシリアの出自ではないが、なぜかオリーブを近づけると体をクネクネさせ、マタタビを嗅いだ時と同じような仕草を見せる。私が時々使っているシリア産のアレッポ石鹸を試しに鼻に近づけてみると、ビニールの包みの上から体全体を擦《す》りつけて床でくねり始めたので、そのまま絨毯の上に放置しておくことにした。

そこに去年から新たなお気に入りとして加わったのが、山下達郎さんの油彩の肖像画だ。何年も前から山下さんに依頼され、昨年リリースされた新しいアルバム「SOFTLY」

のジャケット用に二ヶ月かけて描き下ろしたものである。

　ある日、仕事場の机に座りふとベレンのほうに目をやると、床に置かれた仕上がったばかりの山下さんの肖像画の原画に寄り添うように体を丸めて座り込んでいた。それからというもの、まるで吸い込まれるかのように肖像画の前へ歩み寄っては、山下さんの諦観の笑みの前で座り込んだり、悠長に毛繕いをし始めたりする。原画が山下家に搬出されてしまった後は、「SOFTLY」のアナログジャケットを額に入れて同じ位置に置いてみた。するとやはりベレンは山下さんの諦観の笑みの前へ吸い寄せられていくのだった。よほど居心地がいいのか、寛《くつろ》いでいる姿の写メを撮って山下家に送ってみると、奥様のまりやさんから「菩薩《ぼさつ》顔だからじゃないの」と返信があり、だとしたらやはりベレンには人間洞察のスキルがあるということになる。

　私が肖像画を描くようになったのは、他でもない、当時通っていた国立アカデミア美術学院の先生に指示されたからだ。模写の課題として、のちのイタリアルネサンスにも影響を及ぼすことになるフランドルの画家ヤン・ファン・エイクの肖像画「赤いターバンの男の肖像」を描いたところ、先生にいたく気に入られ、「この手の絵画手法は誰も継承していないからあんたがやりなさい」と勧められた。「需要はありますか」と聞くと「わからん。多分ない」とのことだった。正直、黒く塗りつぶしたバックに、向かって斜め左の角度を向いた写実技法の肖像画は、確かに今の時代の風潮にはなかなか受け入れられない。欧州ではまだ家に古くから受け継がれている先祖の肖像画などで免疫《めんえき》があっても、油絵による立体的な人物画の歴史が浅い日本では、かなり強烈な印象を与えてしまう。実際、山下さんの肖像画も新作アルバムのジャケットとしてリリースされるや否や「まるで岸田《きしだ》劉生《りゅうせい》の麗子像」「夜に目が光る」「音楽室に飾ってあるやつ」などといったコメントが続出した。しかし、写真というテクノロジーのなかった一四〇〇年代では、財力や権力のある人たちにとってこのような肖像画を描いてもらうことは大きなステイタスだったのである。

　とはいえ、先生の予測通り一四〇〇年代式の肖像画では生計が全く成り立たなかった。絵では食べていけないという事実と正面から向き合う勇気を持てたきっかけは子供の出産だったが、その数年後には漫画という新手法に転換することでかろうじて表現業を続けられ、二十五年ほど頑張ったところで再び油絵の筆を手に取る機会が訪れたことは、私にとって思いがけない顛末《てんまつ》だった。

　当初の予定では、六十歳くらいまで油絵のことは念頭から払拭《ふっしょく》し、ひたすら漫画だけを頑張って描き続けようと思っていたのだが、「もうそろそろ油絵に戻っていいんじゃないの」という山下さんの言葉で、本来自分が目指していた道へ軌道修正を果たすことが叶《かな》ったのである。

絵描きになりたいと宣言をし、母から『フランダースの犬』を読まされた五歳のあの日からちょうど半世紀、イタリア留学時代には自分が脆弱者と非難したネロ少年と同じような野《の》垂《た》れ死にの危機に差し迫られつつも、漫画という手法に切り替えなんとか乗り越えた。五歳の時の希望通りに今も絵を描く生業《なりわい》で生きているのはけっこう凄いことかもしれない。絵は私にとって特化して好きなことというわけでもなければ、自分に突出した才能があると思ったこともない。しかし、自分に続けていける仕事があるとすればこれしかない、という自覚だけは消えることがなかった。おかげで他の人が経験をしなくて済むような苦労や辛酸を散々舐《な》めさせられてきたけれど、自由と孤独がセットになった燃費の悪い、絵という表現を投げ出すことなくここまで続けてこられたのは、私のそばにいつも黙って寄り添ってくれる猫たちがいてくれたからだ。

二〇〇九年、ゴルムが亡くなり、その数ヶ月後にベレンがやってきた頃、ちょうど『テルマエ・ロマエ』の第一巻が刊行され、それから私の漫画家としての人生は想像を絶するほど忙しくなっていったが、山下さんの肖像画の前に佇《たたず》みながら、仕事場で作業をする私を見つめるベレンの目はまるで「これまでいろいろあったけど、絵を描き続けてこられてよかったね」とでも伝えたがっているようだ。おおらかな大地のような、太陽の神のような、私のこれまでのあらゆる時間を包み込む寛大な包容力に「小さいのに大きいね」という言葉がつい出てしまう。これまでの猫たちと同じように、今はベレンという小さな存在の大きな魂に私は常に守られている。

とりみき

【口絵・目次・本文写真】
ヤマザキマリ／山崎デルス

構成／古谷ゆう子
編集協力／中島宏枝（風日舎）
協力／スマイルカンパニー

NHK
『ネコメンタリー　猫も、杓子《しゃくし》も。』

「ヤマザキマリとベレン」
Eテレ　2021年1月3日放送

出演／ヤマザキマリ、ベレン

朗読／上戸 彩
語り／森下絵理香

撮影／山崎デルス
音響効果／後藤 拓

ディレクター／川田克幸
プロデューサー／斎藤充崇
制作統括／宮坂佳代子、丸山俊一

制作協力／東北新社
制作／NHKエンタープライズ
制作・著作／NHK

ヤマザキマリ

1967年東京都生まれ。漫画家・随筆家・東京造形大学客員教授。1984年イタリアに渡り、フィレンツェの国立アカデミア美術学院で、油絵と美術史を専攻。1997年より漫画家として活動を始め、2010年『テルマエ・ロマエ』で第3回マンガ大賞、第14回手塚治虫文化賞短編賞受賞。著書に『スティーブ・ジョブズ』『オリンピア・キュクロス』『プリニウス』(とり・みきとの共著)、『ヴィオラ母さん』『たちどまって考える』『ムスコ物語』『歩きながら考える』『人類三千年の幸福論』など多数。2016年第66回芸術選奨文部科学大臣新人賞受賞。2017年イタリア共和国星勲章コメンダトーレ受章。

猫《ねこ》がいれば、そこが我《わ》が家《や》

2023年9月20日　初版印刷
2023年9月30日　初版発行

著者　◎ ヤマザキマリ

カバー・帯写真 ◎ 山崎デルス／ヤマザキマリ
ブックデザイン　◎ ベター・デイズ
発行者 ◎ 小野寺優
発行所 ◎ 株式会社河出書房新社
〒151-0051
東京都渋谷区千駄ヶ谷2-32-2
電話 03-3404-1201(営業)
03-3404-8611(編集)
https://www.kawade.co.jp/

組版　◎ 株式会社キャップス
印刷　◎ 凸版印刷株式会社
製本　◎ 小泉製本株式会社

ISBN978-4-309-03139-2　Printed in Japan